Webアプリ開発を加速する

CakePHP 2
定番レシピ 119

CakePHP2 Standard Recipe 119

長谷川智希 著　デジタルサーカス株式会社 監修

秀和システム

■サポート情報
本書に関するサポートは、以下のサイトにて行っております。

本書サポートサイト
http://www.shuwasystem.co.jp/products/7980htnl/3951.html

■注意
1. 本書は、著者が独自に調査した結果を出版したものです。
2. 本書の内容については万全を期して制作しましたが、万一、ご不審な点や誤り、記入漏れなどお気付きの点がありましたら、出版元まで書面にてご連絡下さい。
3. 本書の内容に関して運用した結果の影響については、上記2項にかかわらず責任を負いかねますのでご了承下さい。
4. 本書の全部あるいは一部について、出版元から文書による許諾を得ずに複製することは、法律で禁じられています。

■商標等
・本書に登場するプログラム名、システム名、CPU名などは一般に各メーカーの各国における登録商標または商標です。
・本書では、®©の表示を省略していますがご了承下さい。
・本書では、登録商標などに一般に使われている通称を用いている場合がありますがご了承下さい。

まえがき

　CakePHPはPHP用の高速開発フレームワークです。「設定より規約（Convention over Configuration / CoC）」の設計を取り入れ、規約に従ってコードを書くことで、少ないコードで素早くWebアプリケーションを作成することができます。

　CakePHPは2005年3月に最初のバージョンが公開されました。
　その後バージョンアップを重ね、2008年12月の1.2、2010年4月の1.3を経て2011年10月にはメジャーバージョンアップとなる2.0が公開されました。

　筆者はバージョン1.1のころにCakePHPに出会い、プログラムを素早く楽しく書ける設計に惚れ込み、それ以来CakePHPを愛して数々のプロダクトに採用してきました。

　日本国内でも年々ユーザが増え、2009年頃には書籍やブログなどで豊富に情報が得られるようになりました。
　しかし、CakePHPはバージョン2.0で多くの仕様変更が加えられ、それまでに蓄積されてきた情報の多くはそのままでは利用しにくい情報になってしまいました。

　そこで本書は、CakePHP2.0から2013年9月現在最新の2.4までで安心してご利用いただけるリファレンスとして、CakePHPの機能を解説するために作られました。

　本書で紹介する機能の範囲については、筆者が数々のプロダクトに

目 次

　CakePHPを採用した経験から、最もよく使うCakePHPの「美味しいところ」を厚く解説しています。本書で紹介する範囲で、多くのWebアプリケーションで利用する機能はカバーしているはずです。

　本書がCakePHP入門者の理解の助けになり、すべてのCakePHP開発者の時間を節約する助けになることを祈っています。

　そして最後に、本書の執筆にパワーを集中させられる様にサポートしてくれたデジタルサーカス株式会社のみなさま、休日もPCに張り付いて執筆する筆者を暖かく見守ってくれた妻、タイトなスケジュールで無事進行していただいた関係者のみなさまに感謝いたします。

2013年9月

長谷川 智希

本書の読み方

　本書では、CakePHPの機能を「レシピ」という形で解説しています。

　Chapter 1「設定のレシピ」～Chapter 7「ヘルパーのレシピ」とChapter 12「シェルのレシピ」では、CakePHPの機能分類ごとに章を区切って解説しています。

　Chapter 8「応用レシピ」ではCakePHPのより高度な利用方法や、他のサイト・システムとの連携などを解説しています。

　Chapter 9「問題発生時の解決レシピ」では、CakePHPを使うときに陥りがちな問題とその解決方法を解説しています。

　Chapter 10「MVCのサンプルソース集」では、よくあるWebアプリケーションの要件を題材にCakePHPでの典型的な実装例を解説しています。Webアプリケーションを作成する際にPHPでの書き方はわかるがCakePHPでどう書くべきかわからない、という場合にはこの章に答えが見つかるかもしれません。

　Chapter 11「1.x→2.x移行のレシピ」では、CakePHP1系からCakePHP2系に既存のプログラムを移行するにあたって理解すべき内容や、自動でプログラムを変換するための方法について解説しています。また、あわせて、CakePHP2.0～2.4の変更箇所について解説しています。

　なお、本書はCakePHP2.0～2.4を対象としますが、一部機能でCakePHPのバージョンによって記述方法が違うものや特定のバージョンでしか利用できないオプションがあります。そのような場合には CakePHP2.3以降 のようなマークを付けて解説しています。

目次

01 設定のレシピ　　13
- 001 SQL実行結果を動的に表示する　　14
- 002 デバッグツールを導入する　　15
- 003 エラー発生時にメールで管理者に通知する　　18
- 004 複数台のWebサーバに対応したシステムを構築する　　21
- 005 開発環境と本番環境で設定を自動切り替えする　　24
- 006 ファイルを独自のディレクトリに配置する　　27

02 コントローラ&ビューのレシピ　　29
- 007 ログインしない状態では閲覧できない画像を出力する　　30
- 008 AJAX（非同期通信）用のJSONを出力する　　32
- 009 ファイルをアップロードする　　34
- 010 ファイルをダウンロードさせる　　36
- 011 PDFファイルを生成する　　38
- 012 ユーザ画面と管理画面で異なるレイアウトを使用する　　40
- 013 リクエストを別のURLにリダイレクトする　　42
- 014 ログファイルに実行状況を記録する　　45
- 015 ?を含まないURLで処理を実行させる　　47
- 016 URLからデータを取得する　　50
- 017 フォームから送信されたデータを取得する　　51
- 018 コントローラの処理の前後に共通の処理を実行する　　53
- 019 すべてのコントローラに共通の処理を記述する　　56
- 020 コントローラからビューに値を引き渡す　　58

021 エラーページをカスタマイズする............................ 60
022 ビューの一部を共通要素として切り出す..................... 61
023 2カラムのレイアウトを使用する............................ 64
024 URLから実行されるコントローラを設定する................. 66

03 モデルのレシピ　　　　　　　　　　　　　　　　　　71

025 検索条件を指定してデータを取得する........................ 72
026 SQLのWHERE句を使用してデータを取得する 78
027 必要なフィールドのみを取得する............................ 79
028 データ取得時のソート順を指定する.......................... 80
029 SQLを使ってデータベースを直接操作する................... 82
030 特定の列に含まれる最大値を取得する........................ 84
031 条件に合致するレコード数を取得する........................ 85
032 開始行、取得行数を指定してデータを取得する 86
033 データベースからデータを削除する.......................... 88
034 データベースに新しいレコードを作成する 90
035 保存されたデータを更新する................................ 92
036 作成日・更新日を自動的に保存する.......................... 94
037 SQLインジェクション対策をする............................ 96
038 レコード作成・更新時にXSS対策の変換をする 98
039 CakePHPの名前規則に従っていないテーブルを使用する 99
040 すべてのモデルに共通の処理を定義する..................... 100
041 ビヘイビアを使ってモデルの動作を拡張する............,..... 101

04 アソシエーションのレシピ　　　　　　　　　　　　　107

042 「注文と注文明細の関係」(has many)をアソシエーション設定する 108
043 「社員と部署マスタの関係」(belongs to)をアソシエーション設定する.... 112
044 「記事とタグの関係」(HABTM)をアソシエーション設定する 115

- **045** アソシエーションされたモデルのデータ取得範囲を指定する 119
- **046** 検索条件としてアソシエーションされたモデルのフィールドを指定する ... 120
- **047** プログラム中でアソシエーションを設定・解除する 122
- **048** 外部キーやモデルを独自に指定してアソシエーションを設定する 124
- **049** データ削除時にアソシエーションされたモデルのデータもまとめて削除する ... 127
- **050** アソシエーション先のレコード数を自動的に更新する 129

05 バリデーション（検証）のレシピ　　　　　　　　　　131

- **051** ユーザが入力した値にエラーがあるかを検証する 132
- **052** CakePHPの組み込みバリデータを使って値を検証する 137
- **053** バリデーションでエラーになった場合のエラーメッセージを設定する 146
- **054** 入力されたユーザ名がすでに使用されているかの検証をする 147
- **055** 日本語を考慮した文字数制限の検証をする 149
- **056** 2回入力したメールアドレスが等しいか検証する 151
- **057** プログラム中でバリデーションを設定・解除する 152

06 コンポーネントのレシピ　　　　　　　　　　　　153

- **058** AuthComponent
  ログイン・ログアウト処理を行う 154
- **059** AuthComponent
  ユーザを登録・編集する 156
- **060** AuthComponent
  一部の画面のみログインを必須にする 158
- **061** AuthComponent
  ログイン中のユーザの情報を取得する 160
- **062** AuthComponent
  ユーザがログイン済かを調べる 161
- **063** AuthComponent
  ログインが必要なURLを直接指定されたときにログイン画面にリダイレクトする ... 162
- **064** AuthComponent
  ログイン後に任意のURLに戻る 163
- **065** AuthComponent
  強制的にログイン状態にする 165

066 **AuthComponent**
AuthComponentの動作をカスタマイズする................... 167

067 **CookieComponent**
Cookieに値を設定する 169

068 **CookieComponent**
Cookieに値が設定されているかチェックする 171

069 **CookieComponent**
Cookieから値を取得する............................ 172

070 **CookieComponent**
指定したCookieの値を削除する....................... 173

071 **CookieComponent**
Cookieの期限やパスを設定する....................... 174

072 **SessionComponent**
セッションに値を設定する............................ 176

073 **SessionComponent**
セッションに値が設定されているかチェックする 178

074 **SessionComponent**
セッションから値を取得する........................... 179

075 **SessionComponent**
指定したセッションの値を削除する 180

076 **SessionComponent**
セッションの期限や動作を設定する..................... 181

077 **SecurityComponent**
CSRF対策を行う................................... 183

078 **SecurityComponent**
POST以外でリクエストされた時にエラーとする 186

079 **SecurityComponent**
HTTPS(SSL)以外でリクエストされた時にエラーとする 188

080 コンポーネントを自作する............................ 190

081 コンポーネントからモデルを使用する 192

082 コンポーネントから他のコンポーネントを使用する 193

07 ヘルパーのレシピ　　　　　　　　　　　　　195

083 **HtmlHelper**
ヘッダ用のHTMLタグを生成する...................... 196

084 **HtmlHelper**
画像タグを生成する................................. 200

085 **HtmlHelper**
リンクタグを生成する................................ 202

HtmlHelper
086 パンくずリストを表示する 205

FormHelper
087 フォームの開始・終了タグを生成する 208

FormHelper
088 フォームの部品を生成する 211

FormHelper
089 送信ボタンを生成する 221

FormHelper
090 hiddenタグを生成する 222

FormHelper
091 指定したフィールドにエラーがあるかを調べる 223

FormHelper
092 エラーメッセージを表示する 224

FormHelper
093 ラジオボタンを整列して表示する 226

FormHelper
094 AJAX（非同期通信）でSELECTの中身を書き換える 228

FormHelper
095 tableタグの中にフォームの部品を表示する 230

PaginatorHelper
096 一覧のページ分けをする 232

097 ヘルパーを自作する 238

08 応用レシピ　　　　　　　　　　　　　　　　239

098 メールを送信する 240
099 Memcachedを使う 245
100 Facebookで認証しログイン状態にする 249
101 Twitterで認証しツイートを読み込む 255
102 ビューにSmartyを使う 260

09 問題発生時の解決レシピ　　　　　　　　　　　263

103 プログラムを本番環境にアップしても反映されない 264
104 シェルを実行するとファイルパーミッションエラーが発生してしまう 266

10 MVCのサンプルソース集　269

- 105 会員登録のサンプル 270
- 106 ユーザログインのサンプル 278
- 107 一覧画面のサンプル 282
- 108 確認画面付き編集画面のサンプル 285

11 1.x→2.x移行のレシピ　291

- 109 CakePHP1.3への移行 292
- 110 CakePHP2.0への移行の概要 295
- 111 UpgradeShellによる移行 298
- 112 CakePHP2.0 〜 2.4の移行 301

12 シェルのレシピ　303

- 113 シェルを自作する 304
- 114 シェルを実行する 305
- 115 シェルからモデルを使用する 307
- 116 シェルからコンポーネントを使用する 308
- 117 シェルのパラメータを取得する 309
- 118 シェル実行時にヘルプメッセージを表示する 310
- 119 シェルを定期的に実行する 312

索　引 313

コラム目次

- CakePHPについてもっと深く知るには① 17
- CakePHPについてもっと深く知るには② 23
- CakePHPの命名規約 28
- コントローラの$components, $helpers 46
- もう1つのリダイレクト 55
- find('list')とFormHelper 57
- コントローラのアクション名 69
- CakePHPの定数 70
- モデルのバーチャルフィールド 121
- コアライブラリ 150
- SessionHelper 182
- CakePHPのグローバル関数 194
- 日付を指定するセレクトボックス 225
- TextHelper 231
- CakePHPのバージョンアップ情報 265
- Scaffolding 268
- 組み込みシェル ApiShell 281

Chapter 01

設定のレシピ

- 001 SQL実行結果を動的に表示する 10
- 002 デバッグツールを導入する 11
- 003 エラー発生時にメールで管理者に通知する 14
- 004 複数台のWebサーバに対応したシステムを構築する 17
- 005 開発環境と本番環境で設定を自動切り替えする 20
- 006 ファイルを独自のディレクトリに配置する 23

Recipe 001 SQL実行結果を動的に表示する

CakePHPでは、多くの場合データベースへの問合せはモデル経由で行い、プログラマがSQLを意識することはありません。

しかしプログラム作成中のデバッグなどで、CakePHP内部でどんなSQLが実行されているかを知りたくなるときもあります。

そんなときのために、CakePHPでは内部的に実行されたSQLを出力するsql_dump機能が提供されています。

sql_dump機能を使用するには、ビューに以下のコードを記述します。

リスト1 sql_dumpの使用

```
<?php echo($this->element('sql_dump')); ?>
```

この状態でコントローラからモデル経由でデータベースへの問合せを行うと、図1のように実行されたSQLが表示されます。

図1 実行されたSQL表示

Nr	Query	Error	Affected	Num. rows	Took (ms)
1	SELECT \`Item\`.\`id\`, \`Item\`.\`name\`, \`Item\`.\`price\` FROM \`cakebook\`.\`items\` AS \`Item\` WHERE 1 = 1		0	0	0

Chapter 01　設定のレシピ

デバッグツールを導入する

　CakePHPには「001 SQL実行結果を自動的に表示する」で紹介した機能をはじめ、デバッグ用の機能が標準でいくつか用意されています。

　この機能を使用すると、変数の中身を見やすい形に整形して表示したりすることができます。

　これだけでも通常のPHPでの開発と比べて十分便利なのですが、CakePHP向けのデバッグツールとして**Debug Kit**というプラグインが提供されています。

　Debug Kitを使うと、CakePHPが標準でサポートする機能に加えて、セッションの中身やメモリの利用状況、処理ごとにかかった時間などが表示されます。

図1　Debug Kit

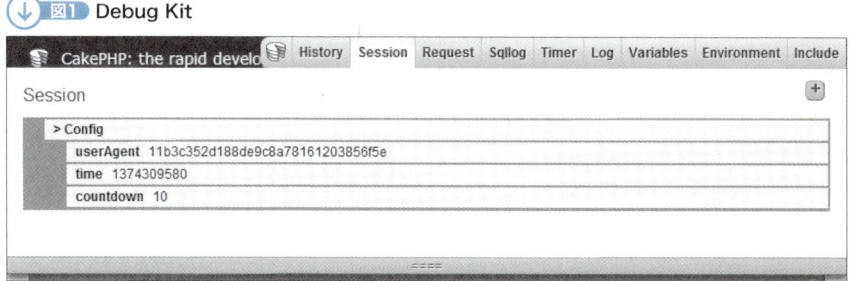

　このプラグインはCakePHP1.2の頃から存在していたのですが、CakePHP2.3からはCakePHPインストール直後のサーバ状況表示画面で入れることを推奨されるようになりました。

　Debug Kitのインストールは以下の手順で行います。

1. Debug Kitのダウンロード & 展開

　以下のURLを開き、画面右の「Download ZIP」ボタンを押してDebug Kitをダウンロードします。

```
https://github.com/cakephp/debug_kit
```

ダウンロードしたら、導入したいCakePHPフォルダの中にapp/Plugin/DebugKitとして展開します。

2. Debug Kitを読み込む

Debug Kitは、CakePHPのプラグインとして実装されています。

そのため、bootstrap.phpとAppController.phpにその読み込み設定を記述します。

app/Config/bootstrap.phpの末尾に以下の内容を追記します。

リスト1 bootstrap.php

```
CakePlugin::load('DebugKit');
```

続いてapp/Controller/AppController.phpに以下の記述を追加します。

リスト2 AppController.php

```
class AppController extends Controller {
    public $components = array('DebugKit.Toolbar');  ───この行を追加
}
```

3. デバッグレベルを1以上にする

Debug Kitはデバッグレベルが1以上の場合のみ動作します。app/Config/core.phpを確認し、デバッグレベルを1または2にしてください。

リスト3 core.php

```
Configure::write('debug', 2);
```

4. 動作確認

　Debug Kitを読み込んだCakePHPをブラウザで開き、右上にDebug Kitのアイコンが表示されていればDebug Kitの導入は完了です。

　アイコンをクリックするとメニューが開き、様々なデバッグ用情報にアクセスすることができます。

図2 Debug Kitアイコン

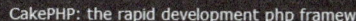

Column

CakePHPについてもっと深く知るには①
Cookbook

本書ではCakePHPの機能の中でもよく使う機能に絞って紹介しています。

本書の内容の範囲外の仕様を知りたい場合は、CakePHPの公式ドキュメントCookbookを参照してください。

Cookbook 2.x（日本語訳）
http://book.cakephp.org/2.0/ja/index.html

Cookbookでは、本書で扱う範囲より少し広い範囲について解説されています。
上記のリンクは日本語訳へのリンクですが、一部英語版から翻訳されていないドキュメントもあります。
日本語訳を見て情報不足を感じたら、英語版も参照してみてください。

Cookbook 2.x（英語）
http://book.cakephp.org/2.0/en/index.html

Recipe 003 エラー発生時にメールで管理者に通知する

CakePHPでは、エラー発生時のエラーハンドリングを自作のエラーハンドラクラスで行うことができます。

エラーハンドラは、app/Config/core.phpの中で指定されています。

リスト1 標準のエラーハンドラ設定

```
Configure::write('Error', array(
    'handler' => 'ErrorHandler::handleError',
    'level' => E_ALL & ~E_DEPRECATED,
    'trace' => true
));
```

エラー発生時にメールで通知するためには、メール送信するエラーハンドラを作成し、エラー時にそれが呼び出されるように設定します。

リスト2 メール送信するエラーハンドラ（app/Lib/AppError.php）

```
<?php
App::uses('CakeEmail', 'Network/Email');

class AppError {
    public static function handleError($code, $description,
                    $file = null, $line = null, $context = null) {
        list($name, $level) = ErrorHandler::mapErrorCode($code);

        $message = sprintf("Desc: %s: %s¥n", $name, $description);
        $message .= sprintf("File: %s¥n", $file);
        $message .= sprintf("Line: %d¥n", $line);
        $message .= "¥n";
```

```
        $message .= print_r($context, true);

        $email = new CakeEmail('default');
        $email->to('error@example.com');
        $email->subject('CakePHP ERROR');
        $email->send($message);

        return ErrorHandler::handleError($code, $description, $file,
            $line, $context);
    }
}
```

エラーハンドラをcore.phpで設定します。

標準のエラーハンドラ設定をコメントアウトして以下の設定を追加します。

↓ リスト3 エラーハンドラ設定(core.php)

```
Configure::write('Error', array(
    'handler' => 'AppError::handleError',           ――❶
    'consoleHandler' => 'AppError::handleError',    ――❷
    'level' => E_ALL & ~E_DEPRECATED,               ――❸
));
```

▼ リストの説明

❶ エラーハンドラ指定。

❷ **CakePHP2.2以降** コンソール実行中に発生したエラーをハンドリングするエラーハンドラ指定。

❸ ハンドルしたいエラーのレベル。php.iniで指定するのと同じ方法で指定可能。CakePHP2.2以降はfatalもハンドリングが可能。

最後に、bootstrap.phpでリスト2のAppError.phpを読み込む設定をすれば設定は完了です。

これ以降エラーが発生すると、その内容がリスト5のようにメールで送信されます。

Chapter 01　設定のレシピ

↓ リスト4 AppError.phpの読み込み設定（bootstrap.php）

```
App::uses('AppError', 'Lib');
```

↓ リスト5 送信されるエラーメール

```
Description: Notice: Undefined variable: foo
File: /path/to/cake/app/Controller/ArticlesController.php
Line: 22

Array
(
    [conditions] => Array
        (
        )

    [search] => Array
        (
            [text] =>
            [is_active] => 0
        )

)
```

　Webのシステムでエラーが発生する場合、そのアクセス量により短時間に大量のエラーが発生します。メールボックスのあふれなどが発生しないように、アクセス量の多いサイトの場合はメール送信頻度を調整するなどしてください。

Chapter 01 設定のレシピ

複数台のWebサーバに対応したシステムを構築する

　サーバが複数台あるシステムの場合、サーバ間でセッションを共有する必要があります。

　CakePHPのセッションの保存先はcore.phpに記述されており、標準では以下のように指定されています。

　この設定ではセッションの保存先はPHPの設定に依存しますが、その他にもオプションを持っています。

リスト1 標準のセッション設定（core.php）

```
Configure::write('Session', array(
    'defaults' => 'php'  ──────────────────❶
));
```

▼リストの説明

❶ セッション保存先のデフォルト値としてphpに依存する設定。

　ここではphp, cake, database, cacheの設定が可能です。

　cakeではapp/tmp/session配下にファイルが保存されるので、今回の用途には不向きです。

　一方、database（データベースに保存）とcache（キャッシュに保存）は適切に設定することで、他サーバとのセッション共有に使うことができます。

■セッションをデータベースに保存

　以下のように設定することで、セッションをデータベースに保存することができます。

リスト2 データベースにセッションを保存する設定（core.php）

```
Configure::write('Session', array(
    'defaults' => 'database'
));
```

セッションを保存するモデルに対応するテーブルは、以下の定義で作成します。idフィールドが文字列型になっていることに注意してください。

cake_sessions

フィールド名	型	内容
id	varchar(255)	テーブルのID
data	text	保存するデータ
expires	int(11)	セッションの有効期限

■ セッションをキャッシュに保存

以下のように設定することで、セッションをCakePHPのキャッシュに保存することができます。

このとき、キャッシュの設定名を一緒に指定することが可能です。この設定をMemcachedなど複数サーバから同一の対象を参照できるものにすることで、他サーバとのセッション共有に使うことができます。

リスト3 キャッシュにセッションを保存する設定（core.php）

```
Configure::write('Session', array(
    'defaults' => 'cache',                    ──❶
    'handler' => array(
        'config' => 'session',                ──❷
    )
));

Cache::config('session', array(               ──❸
```

```
    'engine' => 'Memcache',
    'duration' => 3600,
    'probability' => 100,
    'prefix' => Inflector::slug(APP_DIR) . '_session_',  ──④
));
```

▼ リストの説明

❶ キャッシュにセッションを保存する設定。
❷ 保存する際の設定名の指定。
❸ 設定名sessionに対するキャッシュ設定。
❹ Memcachedにデータを保存する際のキー名の先頭に付加される文字列。セッションを共有するサーバ間では同じ設定を使用する。

なお、セッションをMemcachedに設定する方法については「099 Memcachedを使う」で詳細に解説しています。あわせて参照してください。

> **CakePHPについてもっと深く知るには②**
> **ソースを読む**
> Cookbookを読んでも物足りない場合や書いたコードがうまく動かない場合、CakePHPのソースコードを読むことをお勧めします。「ソースコードを読む」というとつい尻込みしてしまいがちなのですが、CakePHPのソースコードはコメントの質・量がともに高いレベルで非常に読みやすく書かれています。
>
> CakePHPのソースコードはlibディレクトリ配下に格納されています。ディレクトリ構成はapp以下と基本的に同じです。
>
> 例えばAuthComponentの場合はlib/Cake/Controller/Component/AuthComponent.phpがそのソースコードですし、FormHelperの場合はlib/Cake/View/Helper/FormHelper.phpです。
> この2つは特に「読むと得をする」系のソースコードです。ぜひ読んでみてください。

Chapter 01 設定のレシピ

開発環境と本番環境で設定を自動切り替えする

　Webのシステムでは、開発環境と本番環境でURLをはじめシステムの動作に関する設定が異なることも多くあります。

　そのような場合のために設定ファイルを外に出し、開発環境と本番環境の間で設定ファイルの内容が異なるという設計をとることがあります。

　これは一見よく働くのですが「同じ名前で内容が異なる2つのファイルを管理する必要がある」「構造上片方の修正をもう片方に反映し忘れるリスクが大きい」などの欠点があります。

　ここではリクエストされたURLをもとに設定値を自動で切り替える例を紹介します。

リスト1 設定値の自動切り替え（core.php）

```php
switch (getenv('SERVER_NAME')) {
    case '開発環境のホスト名':                                    ―❶
        define('DB_HOST', 'DEV DB HOST');                        ―❷
        define('DB_USER', 'DEV DB USER');                        ―❸
        define('DB_PASSWORD', 'DEV DB PASSWORD');                ―❹
        define('DB_DATABASE', 'DEV DB NAME');                    ―❺
        define('DB_DATABASE_TEST', 'DEV DB TEST NAME');          ―❻

        break;
    default:                                                     ―❼
        define('DB_HOST', 'PROD DB HOST');
        define('DB_USER', 'PROD DB USER');
        define('DB_PASSWORD', 'PROD DB PASSWORD');
        define('DB_DATABASE', 'PROD DB NAME');
        define('DB_DATABASE_TEST', 'PROD DB TEST NAME');
```

```
        break;
}
```

▼リストの説明

1. 開発環境用の設定。
2. データベースのホスト名。
3. データベースへのログインユーザ名。
4. ログインユーザのパスワード。
5. 使用するデータベース名。
6. テストで使用するデータベース名。
7. 本番環境用の設定。ミドルウェアの構成変更などによって環境変数が取得できなくなった場合などのために、本番環境の設定はdefault:に記述する。

ここでdefineした定数をdatabase.php内で使用します。

↓ リスト2　設定値の自動切り替え（database.php）

```php
class DATABASE_CONFIG {

    public $default = array(                                     ❶
        'datasource' => 'Database/Mysql',
        'persistent' => false,
        'host' => DB_HOST,
        'login' => DB_USER,
        'password' => DB_PASSWORD,
        'database' => DB_DATABASE,
        'prefix' => '',
        'encoding' => 'utf8',
    );

    public $test = array(
        'datasource' => 'Database/Mysql',
        'persistent' => false,
        'host' => DB_HOST,
```

```
        'login' => DB_USER,
        'password' => DB_PASSWORD,
        'database' => DB_DATABASE_TEST,
        'prefix' => '',
        'encoding' => 'utf8',
    );
}
```

▼ リストの説明

❶ 通常時に使用されるDB設定。

このようにしておくと、シェルを実行する際に環境変数SERVER_NAMEに値を設定することで、ブラウザ経由と同様に環境を切り替えることができます。以下はbashでシェルを実行する例です。

リスト3 シェルの実行

```
$ export PATH=$PATH:/path/to/cake/app/Console ─────────────❶
$ export SERVER_NAME=ホスト名指定 ─────────────────────────❷
$ cake shell_name
```

▼ リストの説明

❶ cakeコマンドのディレクトリにパスを通す。

❷ 環境変数SERVER_NAMEにホスト名を設定する。環境変数はPHPからはgetenv()で参照可能なのでこの設定によってリスト1の条件分岐が実行される。

Chapter 01 設定のレシピ

ファイルを独自の ディレクトリに配置する

　CakePHPでは、コントローラ、ビュー、モデルはそれぞれController, View, Modelディレクトリの直下に配置します。

　しかし、システムが大きくなってくると、それらのファイルをフォルダ分けして保存したくなります。

　bootstrap.phpでは、コントローラ、ビュー、モデルのファイルの検索パスを設定することができます。

　これを使うと、ファイルを独自のディレクトリに配置することが可能になります。

　ただしこれはあくまでも検索パスの指定なので、同一のファイル名のファイルが複数存在する場合は先に見つけた方が使用されます。

リスト1　ファイルの検索パスの指定（bootstrap.php）

```
App::build(array(
    'Controller' => array(
        ROOT.DS.APP_DIR.DS.'Controller'.DS.'Admin'.DS,
        ROOT.DS.APP_DIR.DS.'Controller'.DS.'Front'.DS,
        ROOT.DS.APP_DIR.DS.'Controller'.DS.'Api'.DS,
        ROOT.DS.APP_DIR.DS.'Controller'.DS,
    ),
    'Model' => array(
        ROOT.DS.APP_DIR.DS.'Model'.DS.'Admin'.DS,
        ROOT.DS.APP_DIR.DS.'Model'.DS.'Front'.DS,
        ROOT.DS.APP_DIR.DS.'Model'.DS.'Api'.DS,
        ROOT.DS.APP_DIR.DS.'Model'.DS,
    ),
    'View' => array(
        ROOT.DS.APP_DIR.DS.'View'.DS.'Admin'.DS,
```

```
            ROOT.DS.APP_DIR.DS.'View'.DS.'Front'.DS,
            ROOT.DS.APP_DIR.DS.'View'.DS.'Api'.DS,
            ROOT.DS.APP_DIR.DS.'View'.DS,
    ),
));
```

> **Column**
>
> ### CakePHPの命名規約
>
> CakePHPではファイル名やテーブル名などを一定の規約に従って付けることで、ソースコードを書く量が減るように設計されています。
> この設計は「設定より規約(convention over configuration / CoC)」と呼ばれ、近年のフレームワークではかなりの割合で取り込まれている設計です。
>
> CakePHPの主な命名規約は以下のとおりです。
> ここでキャメルケースはOneTwoThreeのような形、スネークケースはone_two_threeのような形です。
>
> | 分類 | ルール | 例 |
> | --- | --- | --- |
> | コントローラ | 先頭大文字のキャメルケース。末尾にController。 | UserController.php |
> | コンポーネント | 先頭大文字のキャメルケース。末尾にComponent。 | CalcComponent.php |
> | ビュー | アクション名と同じスネークケース。拡張子はctp。 | signup_user.ctp |
> | ヘルパー | 先頭大文字のキャメルケース。末尾にHelper。 | CalcHelper.php |
> | モデル | テーブル名を先頭大文字のキャメルケースに変換したもの。単数形。 | AdminUser.php |
> | データベーステーブル | 先頭小文字のスネークケース。複数形。 | admin_users |

Chapter 02

コントローラ＆ビューのレシピ

- 007 ログインしない状態では閲覧できない画像を出力する 26
- 008 AJAX（非同期通信）用のJSONを出力する 28
- 009 ファイルをアップロードする 30
- 010 ファイルをダウンロードさせる 32
- 011 PDFファイルを生成する 34
- 012 ユーザ画面と管理画面で異なるレイアウトを使用する 36
- 013 リクエストを別のURLにリダイレクトする 38
- 014 ログファイルに実行状況を記録する 41
- 015 ？を含まないURLで処理を実行させる 43
- 016 URLからデータを取得する 46
- 017 フォームから送信されたデータを取得する 47
- 018 コントローラの処理の前後に共通の処理を実行する 49
- 019 すべてのコントローラに共通の処理を記述する 52
- 020 コントローラからビューに値を引き渡す 54
- 021 エラーページをカスタマイズする 56
- 022 ビューの一部を共通要素として切り出す 57
- 023 2フィールドのレイアウトを使用する 60
- 024 URLから実行されるコントローラを設定する 62

Recipe 007 ログインしない状態では閲覧できない画像を出力する

ピックアップ `Controller->autoRender, RequestHeaderComponent`

　SNSサービスで、ユーザが投稿した画像などでログイン状態でないと閲覧できない画像を出力する場合、CakePHPなどのフレームワークを使用しないPHPではHTMLのタグにURLとしてPHPのプログラムファイルを指定し、そのPHPのプログラムで画像を出力します。

　これはCakePHPの場合でも同様です。

　URLからコントローラに処理が渡るまでは通常のページと同様ですので、ここでは省略します。

　コントローラではリスト1のように表記します。この例はCakePHPのプロジェクトディレクトリ配下、/app/Vendor/image.pngを出力する例です。

リスト1 コントローラ

```
public $components = array('RequestHandler');            ──❶

public function image(){

    $this->autoRender = false;                           ──❷
    if ($logged_in){                                     ──❸
        $this->RequestHandler->respondAs('image/png');   ──❹
        readfile(APP.'/Vendor/image.png');               ──❺
    } else {
        throw new NotFoundException();
    }
}
```

▼ リストの説明

① HTTPヘッダを出力するために`RequestHandlerComponent`を使用する。
② 画像だけを出力するためHTMLの自動レンダリングを停止する。
③ ログイン済の場合に`$logged_in`が`true`になっている想定。ログインについては「057 ログイン・ログアウト処理を行う」も参照。
④ HTTPヘッダのContent-Typeを指定する。ここではPNG画像を出力するので`image/png`を指定。
⑤ ファイルからPNG画像を読み込んで出力。

リスト1の例ではCakePHPの流儀に従って`RequestHandlerComponent`を使用してHTTPヘッダを出力していますが、ここはPHPの標準関数`header()`を使用してもかまいません。その場合以下のようにします。

↓ リスト2　header()関数を使用する場合

```
public function image(){

    $this->autoRender = false;
    if ($logged_in){
        header('Content-type: image/png');
        readfile(APP.'/Vendor/image.png');
    } else {
        throw new NotFoundException();
    }
}
```

AJAX（非同期通信）用のJSONを出力する

ピックアップ `Controller->viewClass`

　CakePHPでJavaScriptなどからアクセスされるAPIの返値などとしてJSONを返したい場合、CakePHP2.1以降ではJsonViewを使うことができます。

　リスト1のようにコントローラのViewClassプロパティに'Json'を指定し、setメソッドでJSONとして返したいデータを設定します。このデータの設定はややクセが強いのでこのままセットで覚えてしまうのがよいでしょう。

　リスト1のコードを実行するとリスト2のJSONが出力されます。PHPの変数の型（数字や文字列）がそのままJSONとして表現されていることがわかります。

↓ リスト1 コントローラ（CakePHP2.1以降）

```
public function json(){
    $data = array(
        'status' => 'success',
        'items' => array(
            array('id' => 1, 'name' => 'apple', 'price' => 100),
            array('id' => 2, 'name' => 'banana', 'price' => 80),
        ),
    );
    $this->viewClass = 'Json';
    $this->set(compact('data'));
    $this->set('_serialize', 'data');
}
```

リスト2 出力されるJSON

```
{"status":"success","items":[{"id":1,"name":"apple","price":100},
{"id":2,"name":"banana","price":80}]}
```

CakePHP2.0ではJsonViewが実装されていないので、「007 ログインしない状態では閲覧出来ない画像を出力する」同様に自力でヘッダとJSONデータを出力するとよいでしょう。

以下は、CakePHP2.0でJSONデータを出力する例です。

リスト3 コントローラ(CakePHP2.0)

```php
public function json(){
    $data = array(
        'status' => 'success',
        'items' => array(
            array('id' => 1, 'name' => 'apple', 'price' => 100),
            array('id' => 2, 'name' => 'banana', 'price' => 80),
        ),
    );
    $this->autoRender = false;
    echo(json_encode($data));
}
```

Recipe 009 ファイルをアップロードする

　CakePHPでファイルをアップロードする場合、ビューはFormHelperを使用してシンプルに記述することができます。

　1つのファイルをアップロードする場合、以下のようにビューを記述します。Formヘルパーのcreate()メソッドのオプションに'type' => 'file'を追加するのを忘れないようにしてください。

↓ リスト1　ビュー

```php
<?php
echo($this->Form->create(                    ❶
    null,
    array('url' => '/chapter02/upload', 'type' => 'file')
));
echo($this->Form->input(                     ❷
    'file',
    array('type' => 'file', 'label' => 'ファイル' )
));
echo($this->Form->submit('アップロード'));
echo($this->Form->end());
```

▼ リストの説明

❶ `<form>`タグを出力。ファイルアップロード時の`<form>`タグにはmultipartオプションが必要。Formヘルパーのcreateメソッドのオプションに'type' => 'file'を付けるとmultipartオプション付きの`<form>`タグが出力される。

❷ 「参照」ボタン付きのファイル指定ボタンを出力。

　コントローラでは通常のフォーム同様$this->request->data経由でアップロードされたファイルを参照します。$this->request->dataにはユーザがアッ

プロードしたファイル名、アップロードされたファイルがサーバ上に格納されているパス、アップロードされたファイルの種別などが格納されています。

それらの情報の取得やアップロードされたファイルの保存は、以下のように記述します。

リスト2　コントローラ

```
public function upload(){
    if ($this->request->data){
        $file = $this->request->data['file'];           ①

        $original_filename = $file['name'];             ②
        $uploaded_file = $file['tmp_name'];             ③
        $filesize = $file['size'];                      ④
        $filetype = $file['type'];                      ⑤


        $dest_fullpath = APP.'tmp/'.md5(uniqid(rand(), true));

        move_uploaded_file($file['tmp_name'], $dest_fullpath);  ⑥
    }
}
```

▼リストの説明

① アップロードされたファイルの情報はテキスト入力欄などと同様に`$this->request->data`経由で参照する。

② ユーザがアップロードしたファイルのファイル名。通常のPHPでのプログラム同様そのままファイル名として使用しないのが望ましい。

③ アップロードされてサーバ上にテンポラリファイルとして格納されたファイルへのフルパス。

④ アップロードされたファイルのファイルサイズ（バイト）。

⑤ アップロードされたファイルの種類。JPGの場合image/jpeg。

⑥ 通常のPHPのプログラム同様、テンポラリファイルを`move_uploaded_file()`関数で移動する。

Recipe 010 ファイルをダウンロードさせる

ピックアップ `Controller->response, Controller->viewClass`

コントローラのアクションでファイルをダウンロードさせる処理は、「007 ログインしない状態では閲覧できない画像を出力する」と似ていますが、ファイルのダウンロードに特有の処理としてダウンロードさせるファイルのファイル名を指定することが可能です。

■CakePHP2.3以降の場合

リスト1 コントローラ

```
public function download(){
    $this->response->file(
        APP.'Vendor/source.zip',                    ——❶
        array(
            'download' => true,                     ——❷
            'name' => 'example.zip',                ——❸
        )
    );
    return $this->response;
}
```

▼リストの説明

❶ サーバ上のファイルへのフルパス。
❷ ダウンロードを強制するヘッダを出力する。
❸ ブラウザにファイル名として指定するファイル名。

■CakePHP2.2以前の場合

CakePHP2.2以前では`MediaView`を使用することもできます。

010 ファイルをダウンロードさせる

```
function download(){
    $this->viewClass = 'Media';

    $params = array(
        'id' => 'source.zip',          ——————————————①
        'name' => 'example',           ——————————————②
        'extension' => 'zip',          ——————————————③
        'download' => true,            ——————————————④
        'path' => '/path/to/file/'     ——————————————⑤
    );
    $this->set($params);
}
```

▼リストの説明

① サーバ上のファイルの拡張子を含むファイル名。
② ブラウザにファイル名として指定するファイル名の拡張子を除いた部分。
③ ファイルの拡張子。CakeResponse.phpの$_mimeTypesで定義された拡張子のみ指定可能。それ以外を指定する場合mimeTypeパラメータで指定する。
④ trueを指定するとブラウザにダウンロードを強制するヘッダを出力する。
⑤ サーバ上のファイルへのパス。ディレクトリセパレータで終わるディレクトリ名。相対パスで指定した場合app/webrootからの相対パスとして処理される。

CakeResponse.phpの$_mimeTypesで定義された拡張子以外を指定する場合、mimeTypeパラメータでその内容を指定します。

```
    $params = array(

        'mimeType' => array(
            'docx' => 'application/vnd.openxmlformats-officedocument.wordprocessingml.document',
        ),

    )
```

Recipe 011 PDFファイルを生成する

ピックアップ RequestHandler

CakePHPにかかわらず、PHPからPDFを生成するには何らかのライブラリを使うのがおすすめです。

ここでは、2013年9月現在でも活発にメンテナンスされているTCPDFを使用します。

■TCPDFの導入

TCPDFをダウンロードページからダウンロードします。
2013年9月現在「tcpdf_6_0_024.zip」が最新版です。

▼ TCPDFダウンロードページ

```
http://sourceforge.net/projects/tcpdf/files/
```

ダウンロードしたファイルをapp/Vendor/tcpdfとして展開すれば、TCPDFの導入は完了です。

■コントローラ&ビューの作成

CakePHPからPDFを出力する場合、画像を出力したりファイルをダウンロードさせたりする場合同様に「autoRenderをfalseにした上でHTTPヘッダを出力し、ファイルの中身を出力する。」という方針も実現できます。

リスト1 コントローラ

```
public $components = array('RequestHandler');
```

011 PDFファイルを生成する

```
public function pdf(){
    App::import('Vendor', 'tcpdf/tcpdf');                         ①

    $this->RequestHandler->respondAs('application/pdf');          ②
    $this->autoRender = false;

    $pdf = new TCPDF('P', 'mm', 'A4', true, 'UTF-8', false);      ③
    $pdf->AddPage();                                              ④
    $pdf->SetXY(50, 50);                                          ⑤
    $pdf->Cell(100, 30, 'CakePHP');                               ⑥
    $pdf->Output('test.pdf', 'I');                                ⑦
}
```

▼ リストの説明

❶ TCPDFを読み込む。

❷ HTTPヘッダのContent-Typeを指定する。ここではPDFを出力するのでapplication/pdfを指定。

❸ TCPDFのインスタンスを作成。ここではA4タテ、単位mm、文字コードUTF-8でディスクキャッシュを使用しない設定。詳細はTCPDFマニュアル参照。

❹ 新しいページを作成する。

❺ カーソルを左上から右に50mm、下に50mmの位置に移動。

❻ カーソル位置に文字を表示。

❼ ブラウザにPDFを出力する。第2パラメータを'D'にするとダウンロードさせる。

参考　**TCPDFマニュアル**
http://www.tcpdf.org/doc/code/annotated.html

Recipe 012 ユーザ画面と管理画面で異なるレイアウトを使用する

ピックアップ `Controller->layout`

ユーザ用画面と管理画面など画面によって大きくデザインが異なる場合、それぞれにレイアウトファイルを作ることでそれを実現することができます。

レイアウトはapp/View/Layoutsにctpファイルを作成し、コントローラのlayoutプロパティを設定することで指定可能です。

リスト1 layoutプロパティの指定

```
class UserController extends AppController {
    public $layout = 'default';                              ❶
}
```

リストの説明

❶ レイアウトファイルの指定。app/View/Layouts/default.ctpが使用される。

layoutプロパティの設定は各コントローラでしてもよいのですが、多くの場合複数のコントローラでレイアウトファイルを共有することになりますので、AppControllerを継承したコントローラを2つ作成し、その中でlayoutプロパティの設定をするのがよいでしょう。

以下は、ユーザ向け画面用にFromAppControllerを作りdefault.ctpをレイアウトファイルとして指定、管理画面用にAdminAppControllerを作りdefault_admin.ctpをレイアウトファイルとして指定する例です。

012 ユーザ画面と管理画面で異なるレイアウトを使用する

↓ リスト2 app/Controller/FrontAppController.php

```
class FrontAppController extends AppController {
    public $layout = 'default';

}
```

↓ リスト3 app/Controller/AdminAppController.php

```
class AdminAppController extends AppController {
    public $layout = 'default_admin';

}
```

個別のコントローラとしてはユーザ画面用はFrontAppControllerを、管理画面用はAdminAppControllerを継承して作成します。

↓ リスト4 ユーザ用画面のコントローラ

```
class UserController extends FrontAppController {

}
```

↓ リスト5 管理画面のコントローラ

```
class AdminItemController extends AdminAppController {

}
```

Recipe 013 リクエストを別のURLにリダイレクトする

ピックアップ `Controlelr->redirect()`

コントローラで受け取ったリクエストを別のURLにリダイレクトするには、コントローラのredirect()メソッドを使用します。

以下にいろいろな形のリダイレクトの例を紹介しますが、どの例でもredirect()メソッドは内部的にexit()を呼び出し処理を終了しますので、redirect()メソッドの後の処理が実行される配慮は不要です。

■ シンプルなリダイレクト

redirect()メソッドは転送先としてコントローラとアクション指定、ホスト名を含むURL指定、ホスト名を含まない絶対/相対URL指定と柔軟なパラメータ指定が可能です。

どの指定方法でも最終的にはHTTPのLocationヘッダにホスト名を含むURL指定で出力されますので、その時々で利便性の高い方法で指定するとよいでしょう。

リスト1 redirect()のパラメータ指定

```
$this->redirect(array(                                        ―❶
    'controller' => 'Items',
    'action' => 'list')
);
$this->redirect('http://www.example.com/items/list');         ―❷
$this->redirect('/items/list');                               ―❸
$this->redirect('../items/list');                             ―❹
```

013 リクエストを別のURLにリダイレクトする

リストの説明

❶ コントローラとアクションを指定する例。
❷ ホスト名を含むURLを指定する例。
❸ ホスト名を含まない絶対パスを指定する例。
❹ ホスト名を含まない相対パスを指定する例。

■アクションのパラメータを指定したリダイレクト

リスト1の❶のようにコントローラとアクションを指定する方法では、routes.phpによって決定されるURLにかかわりなく指定したアクションにリダイレクトされます。

そのため、コントローラを作成した後にroutes.phpを変更してURLが変わっても、リダイレクトは正常に動作します。

またアクションがパラメータをとる場合、それを指定することも可能です。

リスト2 アクションのパラメータ指定

```
public function detail($id){ ─────────────────❶
}
public function edit(){

    $this->redirect(array(
        'controller' => 'Items',
        'action' => 'detail',
        7
    )); ─────────────────────────────────────❷
}
```

リストの説明

❶ パラメータを1つとるアクション。
❷ ❶のアクションの第1パラメータに7を指定したリダイレクト。

■HTTPステータスを指定したリダイレクト

redirect()メソッドはリダイレクト先を指定する第1パラメータだけでなく、第2パラメータとしてHTTPステータスを指定することが可能です。

指定しないと302(Found)が返されます。短縮URLからパーマリンクへのリダイレクトなど、リダイレクトを明示するのが望ましい場合は301(Moved Parmanently)や303(See Other)を使用するとよいでしょう。

リスト3 HTTPステータスの指定

```
$this->redirect(
    array(
        'controller' => 'Items',
        'action' => 'detail'
    ),
    301 ──────────────────────────────────❶
);
```

リストの説明

❶ ステータス301(Moved Parmanently)を指定する。

■redirect()メソッドの後の処理の実行

前述のとおり、redirect()メソッドは内部的にexit()を実行し処理を終了します。

特別な理由があり処理を終了したくない場合は、redirect()メソッドの第3パラメータにfalseを指定します。

```
$this->redirect('/items/list', 301, false);
```

このパラメータ指定をする場合は、その後の処理内容に十分注意してください。

通常、CakePHPではredirect()メソッドの実行で処理を終了する設計とすることができます。redirect()メソッドの第3パラメータにfalseを与えたくなったら、設計を見直すことも選択肢に入れてみてください。

Chapter 02 コントローラ&ビューのレシピ

Recipe 014 ログファイルに実行状況を記録する

ピックアップ `Object->log()`

CakePHPではデバッグ用にログ出力の機能が用意されています。

以下のようにすると、変数の内容をapp/tmp/error.logに出力することができます。

リスト1 error.logへの出力

```
$this->log($foo);
```

このとき$fooの型が整数や文字列でなく配列やオブジェクトの場合でも、見やすいように整形して出力されます。

■ 出力先の指定

リスト1の例ではlog()メソッドに第1パラメータのみ指定していますが、log()メソッドは第2パラメータもとることができます。

以下のようにすると出力先がapp/tmp/debug.logになります。

リスト2 debug.logへの出力

```
$this->log($foo, LOG_DEBUG);
```

第2パラメータに指定可能なパラメータとそれに対応するログファイルのファイル名は、以下のとおりです。

表1　log()メソッドの第2パラメータ

パラメータ	ファイル名
LOG_EMERG	emergency.log
LOG_ALERT	alert.log
LOG_CRIT	critical.log
LOG_ERR	error.log
LOG_WARNING	warning.log
LOG_NOTICE	notice.log
LOG_INFO	info.log
LOG_DEBUG	debug.log

　開発中のデバッグのための使用であれば、通常はLOG_DEBUGを使用するとよいでしょう。

> **Column　コントローラの$components, $helpers**
>
> コントローラの$componentsプロパティや$helpersプロパティでは、そのコントローラで使用するコンポーネントやヘルパーを指定します。この指定はAppControllerでも個別のコントローラでもすることができますが、両方で指定されている場合、2つがマージされて両方が有効になります。
>
> コンポーネントで両方に同じ指定をした場合、その設定値などは個別のコントローラでしたものが優先されます。

Chapter 02 コントローラ&ビューのレシピ

Recipe 015 ?を含まないURLで処理を実行させる

ピックアップ `Router::connect()`

　動的なページをHTTPで表示し、プログラムがパラメータを受け取る場合、通常以下のようなURLの形をとります。

```
http://www.example.com/item/detail?id=3
```

　このURLは商品ID3の商品詳細を指すURLですが、SEO的な観点から以下のようなURLを使用したくなることがあります。

```
http://www.example.com/item/detail/3.html
```

　CakePHPでは、このような一見静的URLに見えるURLからコントローラにパラメータを渡すことができます。

　上記の例の場合、app/Config/routes.phpに以下のように記述します。

↓ リスト1 routes.php

```
Router::connect(
    '/item/detail/:id.html',
    array('controller' => 'items', 'action' => 'detail')
);
```

　このとき、ItemsControllerでは以下のように商品IDを参照することができます。

リスト2 ItemsController.php

```
public function detail(){
    $item_id = $this->request->params['id'];
}
```

■ パラメータの形式指定

　routes.phpに次のように記述すると、正規表現でパラメータの形式を指定することができます。

　この場合、idが数字のみで構成されている場合のみこのルーティングが適用されます。この正規表現は完全一致で評価されますので、行頭/行末(^や$)の表記は不要です。

リスト3 パラメータの形式を指定する場合のroutes.php

```
Router::connect(
    '/item/detail/:id.html',
    array('controller' => 'items', 'action' => 'detail'),
    array('id' => '[0-9]+')
);
```

■ パラメータ数不定のURL

　前述の例ではパラメータの数はあらかじめ決められていました。

　以下のように記述することで、パラメータ数が不定なURLを処理することも可能です。

リスト4 パラメータ数不定のURL

```
Router::connect(
    '/item/detail/*',
    array('controller' => 'items', 'action' => 'detail')
```

```
);
```

この例では以下のようなURLにマッチします。

リスト5 パラメータ数不定のURLを受け取るコントローラ

```
/item/detail/3                                              ❶
/item/detail/3/all                                          ❷
/item/detail/3/all/map                                      ❸
```

そして、このURLは以下のようにコントローラで参照することができます。

リスト6 パラメータ数不定のURLを受け取るコントローラ

```
public function detail($id, $option = null){
}
```

この場合、リスト5-❶の場合は$idに3のみ、リスト5-❷の場合は$idに3、$optionにallが渡されます。

リスト5-❸は3つのパラメータが渡されますが、コントローラがパラメータを2つしか受け取らないため、3つめのmapパラメータは無視されます。

Recipe 016 URLからデータを取得する

HTMLのフォームからGETリクエストが作成された場合など、以下のようなURLでコントローラに処理が渡されます。

```
/item/search?name=iPhone&color=white
```

このときコントローラでは以下のようにパラメータを参照できます。

リスト1 URLからデータを取得するコントローラ

```php
public function search(){
    $name = $this->request->query['name'];
    $color = $this->request->query['color'];
}
```

PHPのスーパーグローバル$_GET同様、この方法でもアクセスしたいキーが存在しない場合はNoticeが発生します。必ずキーの存在チェックをしましょう。

リスト2 パラメータ存在チェック

```php
public function search(){
    $name = null;
    $color = null;
    if (isset($this->request->query['name'])){
        $name = $this->request->query['name'];
    }
    if (isset($this->request->query['color'])){
        $color = $this->request->query['color'];
    }
}
```

Recipe 017 フォームから送信されたデータを取得する

フォームから送信されたPOSTパラメータを取得するには以下のようにします。

リスト1 フォームHTML

```html
<form method='post' action='/smartphone/edit'>
    <input type='text' name='description' />
    <input type='text' name='stocks[black]' />
    <input type='text' name='data[catchcopy]' />
    <input type='text' name='data[resolution][x]' />
    <input type='checkbox' name='specs[]' value='LTE' />
    <input type='checkbox' name='specs[]' value='3G' />
    <input type='submit' />
</form>
```

リスト2 コントローラ

```php
public function edit(){
 public function edit(){
    $description = null;
    $stocks = null;
    $catchcopy = null;
    $resolutions = array();
    $specs = array();
    if (isset($this->request->data['description'])){
        $description = $this->request->data['description'];   ——❶
    }
    if (isset($this->request->data['stocks']['black'])){
        $stocks['black'] = $this->request->data['stocks']['black'];   ——❷
    }
```

```
    if (isset($this->request->data['catchcopy'])){
        $catchcopy = $this->request->data['catchcopy'];         ──❸
    }
    if (isset($this->request->data['resolution']['x'])){
        $resolutions['x'] = $this->request->data['resolution']['x'];  ──❹
    }
    if (isset($this->request->data['specs'])){
        $specs = $this->request->data['specs'];                 ──❺
    }
}
```

リストの説明

❶ POSTパラメータは通常$this->request->data経由で参照する。

❷ パラメータ名が配列形式の場合、そのまま$this->request->data経由で参照する。

❸ パラメータ名が配列形式かつdataの場合、1階層上げた形で$this->request->data経由で参照する。FormHelperを使用するとこの形でHTMLが出力される。

❹ パラメータ名が多次元配列形式の場合も単次元の場合と同様に参照する。

❺ パラメータ名が[]で終わる場合、同一の名称を持つパラメータが配列形式で参照可能。

　このような長い名前のフォーム項目名は手で記述するのは大変なのですが、FormHelpeの各種メソッドを使用すると比較的簡単に記述することができます。

　このフォーム項目名は、モデルを使用してデータベースにデータを保存する際の設計ともマッチするようになっていますので、できる限りFormHelperを使用してフォーム項目を記述することをお勧めします。

Recipe 018 コントローラの処理の前後に共通の処理を実行する

ピックアップ `Controller->beforeFilter(), Controller->beforeRender()`

1つのコントローラ内のすべてのアクションで共通の処理を記述する場合、beforeFilter(), beforeRender()メソッドをオーバーライドして処理を実行します。

これらのメソッドはコントローラの一連の処理の中で実行され、**コールバックメソッド**と呼ばれています。

■ beforeFilter()

beforeFilter()メソッドはアクションの処理実行前に実行されます。

コントローラ内で使用するプロパティの初期化や、コンポーネントの初期設定に使用すると便利です。

▼ リスト1 beforeFilter()の使用例

```php
public $components = array('Auth');
public $page_title;

public function beforeFilter(){
    parent::beforeFilter();                                    ―❶

    $this->page_title = SITE_NAME.' - 商品詳細';              ―❷
    $this->Auth->allow('view', 'index');                       ―❸
}
```

▼ リストの説明

❶ 親クラスのbeforeFilter()を必ず実行する。

❷ プロパティの初期化の例。
❸ コンポーネントの初期設定の例。

■ beforeRender()

beforeRender()メソッドはアクションの処理実行後、ビューが描画される前に実行されます。

コントローラ内で使用するプロパティをビューに引き渡す（セット）するために使用すると便利です。

リスト2 beforeRender()の使用例

```
public $page_title;

public function beforeRender(){
    parent::beforeRender();                              ❶

    $this->set('page_title', $this->page_title);         ❷
}
```

▼リストの説明

❶ 親クラスの beforeRender() を必ず実行する。
❷ プロパティをビューにセットする例。

■ その他のコールバックメソッド

CakePHPのコントローラでは、beforeFilter(), beforeRender()以外にもコールバックメソッドが用意されています。

これらのコールバックメソッドは、beforeFilter(), beforeRender()に比べると利用頻度が下がりますが、用途によっては便利なこともあります。

```
afterFilter()
```

コントローラのアクションの処理、ビューの描画の後に実行されます。

このコールバックはコントローラの最後に実行されるメソッドです。

その他のコールバックメソッドについては、CakePHP公式Webページの
APIリファレンスを参照してください。

2.0 http://api.cakephp.org/2.0/class-AppController.html
2.1 http://api.cakephp.org/2.1/class-AppController.html
2.2 http://api.cakephp.org/2.2/class-AppController.html
2.3 http://api.cakephp.org/2.3/class-AppController.html
2.4 http://api.cakephp.org/2.4/class-AppController.html

Column もう1つのリダイレクト

「013 リクエストを別のURLにリダイレクトする」では、redirect()メソッドによるリダイレクトの例を紹介しました。

CakePHPのコントローラにはもう1つリダイレクトのためのメソッドとして、flash()メソッドが用意されています。

```
$this->flash('移動します', '/news');
```

flash()メソッドは第1パラメータで指定された文字列を画面に出力し、一定時間後に第2パラメータで指定されたURLにリダイレクトするメソッドです。

加えて第3パラメータでリダイレクトするまでの秒数(デフォルト1秒)、第4パラメータで転送画面に使用するレイアウトファイル名(デフォルト'layout')が指定可能です。

redirect()と比べると使いどころが限られるかもしれませんが、うまく使うと便利です。

Recipe 019 すべてのコントローラに共通の処理を記述する

ピックアップ `AppController`

「018 コントローラの処理の前後に共通の処理を実行する」で紹介したとおり、コントローラ内で共通の処理を記述するのには beforeFilter(), beforeRender() が便利です。

CakePHPでは Controller クラスを継承した AppController クラスを作成し、それを継承して実際のコントローラを実装することが可能です。

この AppController クラスの beforeFilter(), beforeRender() クラスを使用することで、すべてのコントローラに共通の処理を記述することができます。

以下のようなファイルを作成して、app/Controller/AppController.php として配置します。

リスト1 AppController.php

```php
App::uses('Controller', 'Controller');

class AppController extends Controller{
    public function beforeFilter(){
        parent::beforeFilter();



    }

    public function beforeRender(){
        parent::beforeRender();



    }
}
```

019 すべてのコントローラに共通の処理を記述する

AppControllerクラスを継承してコントローラを作るには以下のようにします。

リスト2 PagesController.php

```
App::uses('AppController', 'Controller');

class PagesController extends AppController {

}
```

> **Column** find('list')とFormHelper
>
> FormHelperにはセレクトボックスを出力するselect()メソッドが用意されています。
> select()メソッドは第2パラメータでその選択肢を配列で指定します。
>
> モデルのfind()メソッドの第1パラメータに'list'を与えると、select()メソッドに渡す形の配列が返されます。
> このとき、配列のキーは対象モデルのID、値はnameまたはtitleという名前のついたフィールドの値になります。
>
> **コントローラ**
>
> ```
> $prefectures = $this->Prefecture->find('list');
> $this->set('prefectures', $prefectures);
> ```
>
> **ビュー**
>
> ```
> echo($this->Form->select('User.prefecture_id', $prefectures));
> ```
>
> select()メソッドについては「088 フォームの部品を生成する」を参照してください。

Recipe 020 コントローラからビューに値を引き渡す

ピックアップ `Controller->set()`

コントローラからビューに値を引き渡すためにはset()メソッドを使用します。

set()メソッドは2つのパラメータを持ち、ビューからは第1パラメータの名前で第2パラメータの内容を参照できます。

第2パラメータは数値や文字列の他、配列やオブジェクトも引き渡すことができます。

リスト1 コントローラからビューへの値の引き渡し

```
$this->set('price', 1500);                                    ①
$this->set('title', '商品詳細');                              ②
$this->set('item',                                            ③
    $this->Item->find(
        'first',
        array('conditions' => array('Item.id' => 1))
    )
);
```

リストの説明

① ビューの$priceに数値1500を引き渡す例。
② ビューの$titleに文字列'商品詳細'を引き渡す例。
③ ビューの$itemに配列を引き渡す例。

set()メソッドは、この例の他に配列(ハッシュ)を渡すこともできます。その場合、ビューからは配列のキーの名前でそれに対応する値を参照できます。

以下は、リスト1と同じ内容をset()メソッドに配列を渡すことで表現した例です。

リスト2 配列を使ったビューへの値の引き渡し

```
$this->set(
    array(
        'price' => 1500,
        'title' => '商品詳細',
        'item' => $this->Item->find(
            'first',
            array('conditions' => array('Item.id' => 1))
        )
    )
);
```

リスト3 ビュービューからの参照

```
<h1><?php echo($title); ?></h1>
<table>
    <tr>
        <th>商品ID</th>
        <td><?php echo($item['Item']['id']); ?></td>
    </tr>
    <tr>
        <th>商品名</th>
        <td><?php echo($item['Item']['name']); ?></td>
    </tr>
</table>
```

Recipe 021 エラーページをカスタマイズする

CakePHPでは、リクエストされたURLがroutes.phpで定義されたURLルールにマッチしない場合などにエラーを発生させ、エラー画面を表示します。

このとき、CakePHPは/View/Errors/配下を検索し発生したエラーコードに応じたテンプレートを使用してエラー画面を表示します。

これらのテンプレートをカスタマイズすることで、エラー画面をカスタマイズすることができます。

表1 エラー時のテンプレート

error400.ctp	404エラー発生時のテンプレート
error500.ctp	500エラー発生時のテンプレート

なお、デバッグレベルが1以上のときは、これらのテンプレートは無視され、default.ctpがエラー表示に使用されます。

また、これらのテンプレートはNotFoundExceptionやInternalErrorExceptionをプログラムで発生させた場合にも使用されます。

Recipe 022 ビューの一部を共通要素として切り出す

ピックアップ `View->element(), View->requestAction()`

サイドバーのメニューなど複数箇所で使い回したいビューを定義するためには、**エレメント**を使用します。

エレメントは使い回すHTMLを切り出したctpファイルとして、app/View/Elements/配下に配置します。

リスト1 app/View/Elements/item.ctp

```
<tr>
    <td><?php echo($item['Item']['name']); ?></td>
    <td><?php echo($item['Item']['color']); ?></td>
</tr>
```

エレメントはビューの中からelement()メソッドで呼び出し描画します。エレメントの中で参照する変数は、element()メソッドのパラメータとして引き渡す必要があります。

リスト2 app/View/Item/list.ctp

```
<h1>商品一覧</h1>
<table>
<?php
foreach ($items as $item){
    echo($this->element('item', array('item' => $item));
}
?>
</table>
```

```
<h1>閲覧履歴</h1>
<table>
<?php foreach ($item_histories as $item){ echo($this->element('item',
array('item' => $item)); } ?>
</table>
```

エレメントはapp/View/Elements/配下にディレクトリを作って配置することも可能です。

app/View/Elements/item/single.ctpとして配置した場合は、ビューからは以下のように参照します。

リスト3 app/View/Item/list.ctp

```
<h1>商品一覧</h1>
<table>
<?php
foreach ($items as $item){
    echo($this->element('item/single', array('item' => $item));
}
?>
</table>
```

■独立して利用可能なエレメント

先の例では、コントローラから渡された変数をビュー経由でエレメントに渡していました。

このように、コントローラのアクションとエレメントで取り扱うデータの関連が強い場合はこの方法がよくマッチします。

一方、例えばすべての画面に最新の投稿を表示するようなケースでは、すべてのアクションに最新の投稿を取得するロジックを記述することになり、コントローラの可読性が低下します。

このようなときのために、CakePHPのビューにはrequestAction()メソッドが用意されています。

requestAction()メソッドを使うと、その場でコントローラの処理を実行しデータを受け取ることができます。

リスト4 コントローラ

```
class PostsController extends AppController{
    public function recent(){
        $recent_posts = $this->Post->find('all',
            array(
                'order' => array('created desc'),
                'limit' => 10,
            )
        );
        return $recent_posts;
    }
}
```

リスト5 エレメント

```
<h2>最新の投稿</h2>
<?php $posts = $this->requestAction('posts/recent'); ?>————❶
<ul>
<?php foreach ($posts as $post){ ?>
    <li><?php echo($post['Post']['title']); ?></li>
<?php } ?>
</ul>
```

リストの説明

❶ PostsControllerのrecent()アクションを実行しその返値を使用する。

Recipe 023 2カラムのレイアウトを使用する

ピックアップ `View->start(), View->end()`

　レイアウトやエレメントを使用すると、プログラムから出力するHTMLの共通部分を切り出すことが可能です。

　しかし、例えばレイアウトが以下のようになっている2カラムレイアウトの場合などは、うまく表現することができません。

↓ リスト1 2カラムのレイアウト

```html
<html>
〜
    <body>
        <div id='left-column'>
            ここに左カラムのコンテンツを入れたい
        </div>
        <div id='right-column'>
            ここに右カラムのコンテンツを入れたい
        </div>
    </body>
</html>
```

　このような場合、ビューブロック機能を使うときれいに表現することができます。

　ビューブロックを使う場合のレイアウトファイルは以下のようにします。

↓ リスト2 ビューブロックを使ったレイアウト

```html
<html>
〜
    <body>
```

```
        <div id='left-column'>
            <?php echo($this->fetch('left_column')); ?> ────①
        </div>
        <div id='right-column'>
            <?php echo($this->fetch('right_column')); ?> ────②
        </div>
    </body>
</html>
```

▼リストの説明

① 左カラムのコンテンツを挿入する。
② 右カラムのコンテンツを挿入する。

　ここではleft_columnとright_columnという2つのビューブロックを表示しています。
　これらのビューブロックにコンテンツを表示するには、start(), end()メソッドを使用します。

↓ リスト3 ビューブロックへコンテンツ表示するビュー

```
<?php $this->start('left_column'); ?>
   左カラムのコンテンツ
<?php $this->end(); ?>


<?php $this->start('left_column'); ?>
   右カラムのコンテンツ
<?php $this->end(); ?>
```

Recipe 024 URLから実行されるコントローラを設定する

ピックアップ `Router::connect()`

URLを指定したときに実行されるコントーラやアクションのルールは、app/Config/routes.phpでRouter::connect()メソッドを使用して定義されます。

■シンプルなルール設定

最もシンプルなルールは、URLとコントローラ、アクションを指定するというものです。

↓リスト1 シンプルなルール(パラメータなし)

```
Router::connect(
    '/items/list',
    array('controller' => 'item', 'action' => 'list')
);
```

この例では、/items/listというURLがリクエストされたときにItemControllerのlist()アクションが実行されます。

このルールが定義されているときに、例えば/item/list/allのようなURLが与えられた場合、このルールは適用されません。

これを適用させるようにするには、以下のようにルールを定義します。

↓リスト2 シンプルなルール(パラメータあり)

```
Router::connect(
    '/items/list/*',
    array('controller' => 'item', 'action' => 'list')
);
```

このとき、/item/list/以降のURLはlist()アクションのパラメータとして渡されます。

例えば/item/list/allのURLは、以下のようにアクション実行されます。

リスト3 パラメータありの場合のアクション実行

```
public function list($type){ ―――――――――――――――――――❶

}
```

リストの説明

❶ 第1パラメータ$typeに文字列'all'が渡される

■ デフォルトルール

CakePHPはデフォルトのルーティングルールを持っています。

リスト4 デフォルトルールの定義

```
Router::connect('/:controller', array('action' => 'index')); ―❶
Router::connect('/:controller/:action/*'); ――――――――❷
```

リストの説明

❶ /itemsなど1階層のURLの場合、そのコントローラのindex()アクションが実行される。

❷ /items/listなど2階層以上のURLの場合、1階層目のコントローラの2階層目のアクションが実行される。第3階層以降はアクションのパラメータとして渡される。

■ 固定パラメータ

リスト3の例はアクションがパラメータをとる例でした。

このパラメータはURLの中で指定することも可能ですが、ルーティングルールの中で指定することも可能です。

パラメータを指定する場合、connect()メソッドの第3パラメータを使用します。

以下の例は、CakePHPのapp/Config/routes.phpに標準ルールとして設定されているルールです。

リスト5 ルールでのパラメータ指定（固定）

```
Router::connect(
    '/',
    array('controller' => 'pages', 'action' => 'display', 'home')
);
```

このルールでは、URLとしてルート（/）がリクエストされたときにPagesControllerのdisplay()アクションが第1パラメータhomeとして実行されます。

■パラメータ名の指定

リスト3やリスト5の例では、URLパラメータをアクションのパラメータとして取得していました。

ルーティングルールの中でパラメータ名を指定することも可能です。

リスト6 ルールでのパラメータ指定（プログラム）

```
Router::connect(
    '/:controller/detail/:id',
    array('action' => 'detail')
);                                                              ❶
Router::connect(
    '/:controller/detail/:id',
    array('action' => 'detail'), array('id' => '[0-9]+')
);                                                              ❷
Router::connect(
    '/:controller/detail/:id.html',
```

```
    array('action' => 'detail'), array('id' => '[0-9]+')
);
```
❸

▼ リストの説明

❶ 指定されたコントローラのdetail()アクションで$this->request->params['id']として:id部分を参照可能。
❷ ❶の例に加えて:idの部分を数字のみに限定した例。
❸ ❷の例のURLパターンが異なる例。

この例は「015 ?を含まないURLで処理を実行させる」でも解説しています。あわせてご覧ください。

Column　コントローラのアクション名

リスト4で解説したとおり、CakePHPのデフォルトのルーティングルールでは2階層以上のURLが与えられた場合に、1階層目のコントローラの2階層目のアクションが実行されます。
コントローラに内部処理用のメソッドを作った場合でも、そのメソッド名がわかっていると外部からのアクセスで内部処理用のメソッドが直接実行されてしまい、重大なセキュリティリスクになります。

CakePHPでは、メソッドの識別子がprivate, protectedのメソッドと、メソッド名の先頭が_(アンダースコア)のメソッドは、アクションとして実行されません。
外部からのアクセスで直接実行する必要のないメソッドは、必ずこのどちらかの定義をしましょう。

Column: CakePHPの定数

CakePHPでは内部で多くの定数が定義されています。そのうちいくつかはWebアプリで使用しても便利です。

以下のうち、パスに関するものは/path/to/projectにCakePHPを展開した環境での例です。各定数の利用の際は末尾の / の有無に注意してください。

定数名	内容	例
APP	appディレクトリのパス。	/path/to/project/app/
CACHE	cacheディレクトリのパス。	/path/to/project/app/tmp/cache/
DS	ディレクトリセパレータ。	/
LOGS	ログディレクトリのパス。	/path/to/project/app/tmp/logs/
ROOT	appディレクトリを含むディレクトリのパス。全体のルートディレクトリ。	/path/to/project
TMP	tmpディレクトリのパス。	/path/to/project/app/tmp/
WWW_ROOT	webrootディレクトリのパス。	/path/to/project/app/webroot/
TIME_START	マイクロ秒まで表現したアプリの実行開始日時。	1378537546.0461

CakePHP2.3まではFULL_BASE_URLが現在のリクエストURLのベースとして用意されていましたがCakePHP2.4で非推奨となりました。

CakePHP2.4以降ではRouter::fullbaseUrl()または設定値のApp.fullBaseUrlを使用します。

Chapter 03

モデルのレシピ

- **025** 検索条件を指定してデータを取得する 68
- **026** SQLのWHERE句を使用してデータを取得する............. 74
- **027** 必要なフィールドのみを取得する....................... 75
- **028** データ取得時のソート順を指定する 76
- **029** SQLを使ってデータベースを直接操作する................ 78
- **030** 特定の列に含まれる最大値を取得する 80
- **031** 条件に合致するレコード数を取得する 81
- **032** 開始行，取得行数を指定してデータを取得する 82
- **033** データベースからデータを削除する 84
- **034** データベースに新しいレコードを作成する 86
- **035** 保存されたデータを更新する 88
- **036** 作成日・更新日を自動的に保存する 90
- **037** SQLインジェクション対策をする...................... 92
- **038** レコード作成・更新時にXSS対策の変換をする............ 94
- **039** CakePHPの名前規則に従っていないテーブルを使用する..... 95
- **040** すべてのモデルに共通の処理を定義する................. 96
- **041** ビヘイビアを使ってモデルの動作を拡張する 97

Chapter 03 モデルのレシピ

Recipe 025 検索条件を指定してデータを取得する

ピックアップ `Model->find()`

データベースからデータを取得するには、モデルのfind()メソッドを使用します。

このメソッドは非常に多くのオプションを持ちますが、ここでは検索条件指定に関するオプションをコード例を挙げながら解説します。

ここで紹介する例は、以下のテーブル構造があることを想定しています。

表1　members（社員）

フィールド名	型	内容
id	int(11)	テーブルのID
name	varchar(100)	氏名
division_id	int(11)	部署ID
age	int(11)	年齢
is_manager	boolean	マネージャか否か
member_from	date	入社年月日

表2　divisions（部署）

フィールド名	型	内容
id	int(11)	テーブルのID
name	varchar(100)	部署名

■比較の表現

データベースの値が指定した値に等しいレコードを取得するには、配列のキーにデータベースのフィールド名、値に比較する値を設定した配列を検索条件として、オプション指定します。

例として、「年齢が20と等しい」は以下のように表現します。

025 検索条件を指定してデータを取得する

↓ リスト1 「等しい」の表現（数値との比較）

```
$members = $this->Member->find(
    'all',
    array('conditions' => array('Member.age' => 20))
);
```

比較対象は文字列や真偽値であっても同様に表現できます。

↓ リスト2 「等しい」の表現（文字列との比較）

```
$members = $this->Member->find(
    'all',
    array('conditions' => array('Member.name' => '山田太郎'))
);
```

↓ リスト3 「等しい」の表現（真偽値との比較）

```
$members = $this->Member->find(
    'all',
    array('conditions' => array('Member.is_manager' => true))
);
```

データベースの値が指定した値より大きい、小さいなどの場合、配列のキーにデータベースのフィールド名と比較演算子、値に比較する値を設定した配列を検索条件としてオプション指定します。

例として、「年齢が20より大きい」は以下のように表現します。

↓ リスト4 「より大きい」の表現

```
$members = $this->Member->find(
    'all',
    array('conditions' => array('Member.age >=' => 20))
);
```

「等しくない」の表現も、「〜より大きい」同様の形で表現します。
以下は、「年齢が20と等しくない」の表現です。

リスト5 「等しくない」の表現

```
$members = $this->Member->find(
    'all',
    array('conditions' => array('Member.age !=' => 20))
);
```

テキストの比較で使用する「LIKE」も同様に表現できます。

リスト6 「LIKE」の表現

```
$members = $this->Member->find(
    'all',
    array('conditions' => array('Member.name like' => '長谷川%'))
);
```

INの表現

値を複数指定して、そのどれかに等しいレコードを取得する(SQLのIN句)には、「等しい」の場合と同様の形で比較対象の数値を配列で表現します。
以下は、「部署名が総務部または営業部」の表現です。

リスト7 「IN」の表現

```
$divisions = $this->Division->find(
    'all',
    array('conditions' => array(
        'Division.name' => array('総務部','営業部')
    ))
);
```

■NOTの表現

配列のキーを'not'とし、値に条件配列を指定すると値全体を否定することができます。

以下は、前述のINの表現を否定した「NOT IN」の表現です。

リスト8 「NOT IN」の表現

```
$divisions = $this->Division->find(
    'all',
    array('conditions' => array(
        'not' => array('Division.name' => array('総務部', '営業部'))
    ))
);
```

■AND/ORの表現

配列のキーを'or'や'and'とし、値に条件配列を指定すると、それらの条件の「OR」「AND」を表現できます。

以下は、「年齢が40以下のマネージャ」の表現です。

リスト9 「AND」の表現

```
$members = $this->Member->find(
    'all',
    array('conditions' => array(
        'and' => array(
            'Member.is_manager' => true,
            'Member.age <=' => 40
        )
    ))
);
```

ただし、「年齢が19もしくは年齢が20」のように同一のフィールド名(条件)を指定したい場合には注意が必要です。

条件配列はあくまでもPHPの配列なので、同一のキーを2つ指定することができません。

このような場合は、以下のようにもう1階層配列を作ります。

リスト10 同一フィールド名のANDの表現

```
$members = $this->Member->find(
    'all',
    array('conditions' => array(
        'and' => array(
            array('Member.age' => 19),
            array('Member.age' => 20)
        )
    ))
);
```

なお、条件として複数の条件を指定する場合、AND / OR指定をしないとAND条件として解釈されます。そのため、リスト9, リスト10の表現の'and'キーと配列は省略してもかまいません。

betweenの表現

「年齢が18から30の間」のように、SQLの「between」を表現するには以下のようにします。

リスト11 「between」の表現

```
$members = $this->Member->find(
    'all',
    array('conditions' => array(
        'Member.age between ? and ?' => array(18, 30)
    ))
);
```

■ 日付の比較

日付の比較は値を文字列として比較します。
以下は、「60日以内に入社」の表現です。

リスト12 日付の表現

```
$members = $this->Member->find(
    'all',
    array('conditions' => array(
        'Member.member_from >=' => date('Y-m-d', strtotime('-60 days'),
    ))
);
```

■ まとめ

本項で解説した条件の表現は以下のとおりです。

条件	conditionsキーの内容
等しい(数字)	array('field' => 20)
等しい(文字列)	array('field' => '山田太郎')
等しい(真偽値)	array('field' => true)
より大きい	array('field >=' => 20)
等しくない	array('field !=' => 20)
前方一致(LIKE)	array('field like' => '文字列%')
含まれる(IN)	array('field' => array('値1', '値2'))
含まれない(NOT IN)	array('not' => array('field' => array('値1', '値2')))
または(OR)	array('or' => array(条件1, 条件2))
かつ(AND)	array('and' => array('field1' => true, 'field <=' => 40)) array('field1' => true, 'field2' <=' => 40)
between	array('field between ? and ?' => array(18, 30))
日付	array('field >=' => date('Y-m-d', strtotime('-60 days'))

Recipe 026 SQLのWHERE句を使用してデータを取得する

> ピックアップ `Model->find()`

　find()メソッドの配列形式の条件指定は十分にパワフルで、通常の要件であれば表現可能ですが、表現できない条件や表現しにくい条件は、SQLのWHERE句にて使用する形で表現することができます。

　以下の例は、「年齢が20」のWHERE句表現です。

リスト1　「年齢が20」のWHERE句表現

```
$members = $this->Member->find('all',
    array('conditions' => array('Member.age = 20'))
)
```

　この場合、CakePHPのモデルが本来備えるSQLインジェクション対策が無効化されますので、利用には注意が必要です。

　例えば以下のコードは、SQLインジェクション脆弱性を持ちます。

リスト2　SQLインジェクション脆弱性を持つWHERE句表現

```
$id = $this->request->query['id'];
$password = $this->request->query['password'];
// SQLインジェクション脆弱性あり。このまま使用しないでください。
$members = $this->Member->find('all',
    array('conditions' => array(
        'Member.id = "'.$id.'"" and Member.password = "'.$password.'"')
    )
)
```

　ユーザの入力など信頼できない値を使用する場合は、「037 SQLインジェクション対策をする」の項を参考に必ず無害化処理をしましょう。

Recipe 027 必要なフィールドのみを取得する

ピックアップ `Model->find()`

find()メソッドでは特に指定をしなければ、すべてのフィールドを選択し配列として返します。

これは多くの場合問題がなく便利な仕様なのですが、テーブルの一部のフィールドのサイズが非常に大きい場合などは、パフォーマンスに悪い影響を与えます。

明示的に取得するフィールドを指定するには以下のようにします。

リスト1 取得フィールドの指定

```
$members = $this->Member->find(
    'all',
    array('fields' => array('Member.id', 'Member.name'))    ❶
)
```

リストの説明

❶ Memberテーブルのidとnameのみ取得する。

フィールドの指定はアソシエーションが定義されている場合にも使えます。

リスト2 アソシエーションがある場合の取得フィールドの指定

```
$members = $this->Member->find(
    'all',
    array('fields' =>
        array('Member.id', 'Member.name', 'Division.name'))
)
```

Recipe 028 データ取得時のソート順を指定する

ピックアップ　Model->find(), Model->order

■ find()メソッドでの指定

find()メソッドでデータを取得する際には、以下のようにそのソート順を指定することができます。

リスト1　ソート順の指定

```
$members = $this->Member->find(
    'all',
    array('order' => 'Member.name')
)
```

フィールド名の後にasc / descを表記することで、降順・昇順の指定が可能です。フィールド名のみの表記では昇順(asc)として扱われます。

リスト2　ソート順の指定(降順)

```
$members = $this->Member->find(
    'all',
    array('order' => 'Member.name desc')
)
```

複数のフィールドをソート順として指定したい場合、配列で複数フィールドを指定します。

リスト3　ソート順の指定(複数指定)

```
$members = $this->Member->find(
    'all',
```

```
    array('order' => array('Member.name desc', 'Member.id asd'))
)
```

orderプロパティでの指定

　orderプロパティにソート順を設定すると、モデルのデフォルトのソート順を指定することができます。

▼ **リスト4** モデル定義でのデフォルトソート順の指定

```
class Member extends AppModel{
    public $order = array('Member.name desc', 'Member.id asd');
}
```

　orderプロパティは、前述のようにモデル定義で指定しても以下のようにプログラム内で設定しても同様に動作します。

▼ **リスト5** プログラム内でのデフォルトソート順の指定

```
$this->Member->order = array('Member.name desc', 'Member.id asd');
```

SQLを使ってデータベースを直接操作する

Recipe 029

ピックアップ `Model->query()`

取得するフィールドや検索条件が複雑でfind()メソッドで表現しきれない場合や、モデルの機能を使用せずにデータを取得したい場合など、はSQLを使ってデータベースを直接操作することができます。

リスト1 SQLの直接実行

```
$members = $this->Member->query('select count(*) from members');
```

query()メソッドは返値としてSQLの実行結果を配列で返却します。リスト1の例では以下のような配列が返されます。

リスト2 query()メソッドの実行結果

```
array(
    (int) 0 => array(
        (int) 0 => array(
            'count(*)' => '1'
        )
    )
)
```

find()メソッドのように、モデル名を配列のキーとして含めるには以下のようにします。

リスト3 モデル名を配列のキーとした結果を得るquery()メソッド

```
$members = $this->Member->query('select * from members as Members');
```

リスト4 モデル名を配列のキーとした結果

```
array(
    (int) 0 => array(
        'Members' => array(
            'id' => '1',
            'name' => '山田太郎',
            'division_id' => '1',
            'age' => '29',
            'is_manager' => false,
            'member_from' => '2010-01-01 00:00:00',
        )
    ),

)
```

また、query()メソッドはupdateやcreateなども実行することができます。

リスト5 updateの実行

```
$members = $this->Member->query('update members set is_manager = false');
```

query()メソッドは与えられた文字列をそのままSQLとして実行します。そのため、CakePHPのモデルが本来備えるSQLインジェクション対策が無効化されますので、利用には注意が必要です。

「026 SQLのWHERE句を使用してデータを取得する」同様、ユーザの入力など信頼できない値を使用する場合は「037 SQLインジェクション対策をする」の項を参考に必ず無害化処理をしましょう。

Recipe 030 特定の列に含まれる最大値を取得する

ピックアップ Model->find()

「027 必要なフィールドのみを取得する」で解説したようにfind()メソッドでは取得するフィールドを指定することができます。

このとき、データベースに存在する列だけでなく集計関数を使用したり、別名を定義したりすることもできます。

以下は、集計関数max()を使用して特定の列に含まれる最大値を取得する例です。

リスト1 集計関数を使用し別名を定義する例

```
$results = $this->Member->find(
    'first',
    array(
        'fields' => array('max(age) as Member.age_max')
    )
);
debug($results);
```

リスト2 集計関数の実行結果

```
array(
    (int) 0 => array(
        'age_max' => '29'
    )
)
```

Recipe 031 条件に合致するレコード数を取得する

ピックアップ `Model->find()`

find()メソッドの第1パラメータにcountを与えると、第2パラメータで指定された条件に合致するレコードの数を返します。

リスト1 条件に合致するレコード数の取得

```
$count = $this->Member->find(
    'count',
    array('conditions' => array('Member.is_manager' => false))
);
```

この形でfind()メソッドを実行すると、内部的には以下のようにselect count形式のSQLが実行されます。

件数だけを取得したい場合は、パフォーマンス的に有利なこの方法を使うとよいでしょう。

リスト2 実行されるSQL

```
SELECT COUNT(*) AS `count` FROM `cakedb`.`members` AS `Member`
WHERE `Member`.`is_manager` = '0'
```

Chapter 03 モデルのレシピ

Recipe 032 開始行、取得行数を指定してデータを取得する

ピックアップ `Model->find()`

find()メソッドの第2パラメータにoffset, limitオプションを指定すると開始行、取得行数を指定することができます。

以下の例は条件にマッチするレコードのうち11件目から10件を取得する例です。

リスト1 11件目から10件取得する例

```php
$members = $this->Member->find(
    'all',
    array(
        'conditions' => array('Member.is_manager' => false),    ―❶
        'offset' => 10,                                          ―❷
        'limit' => 10                                            ―❸
    )
);
```

リストの説明

❶ 検索条件。
❷ 何レコード目から取得するか。1以上の整数で指定。
❸ 何レコード取得するか。指定した件数以下で値が返される。

offset, limitの指定は、レコードをページ分けして表示する際に使用することが多いでしょう。

このような場合はlimitオプションで1ページあたりの件数を指定し、pageオプションを使用することも可能です。

以下は1ページを10件とし、その2ページ目を取得する例です。

リスト2 pageパラメータの使用

```
$members = $this->Member->find(
    'all',
    array(
        'conditions' => array('Member.is_manager' => false),   ——❶
        'page' => 2,                                           ——❷
        'limit' => 10                                          ——❸
    )
);
```

▼リストの説明

❶ 検索条件。
❷ 何ページ目から取得するか。1以上の整数で指定。
❸ 何レコード取得するか。指定した件数以下で値が返される。

このとき、内部的には以下のようなSQLが実行されています。

リスト3 実行されているSQL

```
SELECT `Member`.`id`, `Member`.`name`, `Member`.`is_manager`
FROM `cakebook`.`members` AS `Member`
WHERE 1 = 1
LIMIT 10, 10
```

Recipe 033 データベースからデータを削除する

ピックアップ `Model->delete(), Model->deleteAll()`

データベースからデータを削除するには、delete()またはdeleteAll()メソッドを使用します。

■ delete()メソッド

delete()メソッドはパラメータにレコードのIDをとります。

リスト1 delete()メソッドの例

```
$this->Member->delete(1);
```

アソシエーションが設定されており自身を参照するレコードがある場合、第2パラメータにtrueを与えることで、そのレコードも連鎖的に削除することができます。

リスト2 アソシエーション設定

```
class Member extends AppModel{
    public $belongsTo = array('Division');    ──❶
}
```

▼リストの説明

❶ MemberはDivisionに依存する。

033 データベースからデータを削除する

表1 表1 MemberとDivisionの依存関係

● members

id	name	division_id	age	is_manager	member_from
1	山田太郎	1	true	2013-04-01	
2	田中次郎	2	false	2013-04-02	
3	鈴木三郎	1	false	2012-09-01	

● divisions

id	name
1	開発部
2	総務部

リスト3 連鎖削除されるdelete()メソッドの例

```
$this->Division->delete(1, true);                            ❶
```

▼ リストの説明

❶ membersテーブルでdivision_id = 1の列も削除される。

■ deleteAll()メソッド

deleteAll()メソッドはパラメータにfind()メソッド同様の検索条件を持ち、その検索条件にマッチするレコードすべてを削除します。

リスト4 条件にマッチするレコードをすべて削除する

```
$this->Member->deleteAll(array('Member.is_manager' => false));  ❶
```

▼ リストの説明

❶ `is_manager`がfalseのレコードすべてを削除する。

deleteAll()メソッドも第2パラメータにtrueを与えることで、自身を参照するレコードがある場合、それも連鎖的に削除することができます。

Chapter 03 モデルのレシピ

Recipe 034 データベースに新しいレコードを作成する

ピックアップ `Model->create(), Model->save()`

データベースに新しいレコードを作成するには、save()メソッドに配列を渡して実行します。この配列はfind()メソッドから返される形式、FormHelperのcreate()メソッドや各種メソッドによって生成される形式を使用します。

save()メソッドは、保存に成功すれば保存によって割り当てられたIDを含む配列を返し、失敗すればfalseを返します。

▼ リスト1 新しいレコードの作成

```
$this->Member->create()                                    ―❶
$member = $this->Member->save(
    array(                                                 ―❷
        'Member' => array(
            'name' => '渡辺四郎',
            'division_id' => 1,
            'is_manager' => true,
            'member_from' => '2010-01-01',
        )
    )
);
if ($member !== false){                                    ―❸
    printf('ID is %d', $member['Member']['id']);           ―❹
}
```

▼ リストの説明

❶ モデルを初期化する。

❷ 保存したいデータを配列で渡す。
❸ save()の返値によって成功を確認する。
❹ save()メソッドに渡した配列にはIDを含めていなかったが、save()の返値には保存によって割り当てられたIDが含まれる。

save()メソッドはデータの保存に成功すると保存したデータを内部に保持し、さらに配列として返します。

この際、新しいレコードを作成した場合は新しく生成されたレコード全体が配列として返されます。データの保存後にすぐそのIDを使用したい場合はsave()メソッドの返す配列を使用します。

save()メソッドはモデル内部にIDが保持されており、渡された配列のキーにidが含まれない場合はモデル内部に保存されたIDをIDとして使用します。そのため連続してsave()メソッドを使用する場合は、save()メソッド実行時にモデルのidプロパティに設定されている値に注意する必要があります。

モデルの状態を常に正しく把握できていれば問題ないのですが、この仕様はプログラムのリファクタリングなどの結果思わぬバグの原因となることも多く、「レコードを作成する場合は必ずcreate()メソッドを実行する」つもりでいてもよいでしょう。

このためリスト1では、❶部分でcreate()メソッドを実行し、モデルに設定されたIDを初期化しています。

なお、リスト1では第1階層のキーとしてモデル名を含む配列をsave()メソッドに渡していますが、この階層はあってもなくてもかまいません。

フォームからPOSTされたデータを使用する場合は、以下のような形になるでしょう。

リスト2 フォームからPOSTされたデータを使用したsave()メソット

```
$member = $this->Member->save($this->request->data['Member']);
```

Recipe 035 保存されたデータを更新する

ピックアップ `Model->save()`

新規作成でなく、すでに保存されているデータを更新する場合も、レコードを作成する場合同様save()メソッドを使用します。

save()メソッドは保存に成功すれば更新に使用した配列をそのまま返し、失敗すればfalseを返します。

リスト1 フォームからPOSTされたデータの保存

```
$member = $this->Member->save($this->request->data['Member']);

if ($member !== false){
    保存成功時の処理
} else {
    保存失敗時の処理
}
```

save()メソッドは第2パラメータにオプションを指定することもできます。

リスト2 save()の第2パラメータ

```
$this->Member->save(
    $member,
    array(
        'validate' => true,                          ──❶
        'fieldList' => array('member_from'),         ──❷
        'callbacks' => false,                        ──❸
    )
);
```

035 保存されたデータを更新する

▼リストの説明

- ❶ バリデーションが有効(true)か無効(false)かを指定する。
- ❷ 保存する対象のフィールドを指定する。この指定がある場合は指定されたフィールド以外は保存されない。
- ❸ falseを指定するとコールバックを無効にする。

save()メソッドは、与えられた配列にキーを持たないフィールドは更新しません。

フィールドの内容を削除したい場合は、明示的に配列でnullを与えるなどしてください。

↓ リスト3　明示的にフィールドの内容を削除する例

```
$member = $this->Member->find(
    'first',
    array('conditions' => array('Member.id' => 1))
)
$member['Member']['member_from'] = null;                    ❶

$member = $this->Member->save($member);                     ❷
```

▼リストの説明

- ❶ 削除したいフィールドにnullを代入。
- ❷ save()メソッドでmember_from項目のみ削除される。

Recipe 036 作成日・更新日を自動的に保存する

データベースでは、テーブルにレコードの作成日や更新日を記録するためのフィールドをしばしば作ります。

CakePHPでは、テーブルにcreated（作成日）, modified（更新日）という名前でdatetime型のフィールドを定義するだけで、データを保存するときに自動的に作成日や更新日が記録されます。

新規にレコードを作成したときにはcreated, modified両方に、レコードを更新したときにはmodifiedのみに現在の日時が保存されます。

リスト1 created, modifiedへの自動保存

```
$member = $this->Member->save(
    array('name' => '山田太郎')
);
debug($this->Member->find('first', array(
    'conditions' => array('Member.id' => $member['Member']['id'])
)));
```

リスト3 実行結果

```
array(
    'Member' => array(
        'id' => '10',
        'name' => '山田太郎',
        'created' => '2013-09-01 20:12:33',     ——❶
        'modified' => '2013-09-01 20:12:33'
    )
}
```

▼ リストの説明

❶ modified, createdが保存されている。

036 作成日・更新日を自動的に保存する

ただし、save()メソッドに渡される配列にcreated, modifiedが含まれている場合は、それが優先されます。

そのため、find()メソッドで取得したデータをそのままsave()メソッドで保存するような場合などでmodifiedを更新したい場合は、明示的にmodifiedキーを削除します。

リスト4 modifiedの削除

```php
$member = $this->Member->find(
    'first',
    array('conditions' => array('Member.id' => 1))
);
$member['Member']['is_manager'] = true;
unset($member['Member']['modified']);            ──❶
$member = $this->Member->save($member);
```

▼リストの説明

❶ modifiedキーを削除する。

created, modifiedを更新したくない場合、配列の値にfalseを渡すことで更新させないこともできます。

リスト2 created, modifiedの更新抑制

```php
$member = $this->Member->find(
    'first',
    array('conditions' => array('Member.id' => 1))
);
$member['Member']['is_manager'] = true;
$member['Member']['modified'] = false;            ──❶
$member = $this->Member->save($member);
```

▼リストの説明

❶ modifiedにfalseを渡し、modifiedの更新を抑制する。

Recipe 037 SQLインジェクション対策をする

ピックアップ `Model->query(), Model->find()`

モデルのメソッドは、通常SQLインジェクションが発生しないようにパラメータの文字列を無害化します。

一方、query()メソッドを使用する場合やfind()メソッドの検索条件をWHERE句で指定する場合などは文字列の無害化の仕組みが無効化され、独自に無害化を実施する必要があります。

■ query()メソッドを使用する場合

query()メソッドを使用する場合、**プレースホルダ**を使用することができます。

ユーザの入力や他システムからのデータなどを挿入する場所に「?」を記述し、query()メソッドの第2パラメータとして記述した「?」の数と同じだけ要素を持つ配列を与えます。

↓ リスト1 query()メソッドのプレースホルダ

```
$id = $this->request->query['id'];
$name = $this->request->query['name'];

$this->Member->query(
    'update members set name = ? where id = ?',    ――❶
    array($name, $id)                              ――❷
);
```

▼ リストの説明

❶ 値を挿入する場所に「?」を記述する。
❷ 「?」に挿入する値。「?」を記述した数と同じ数の要素を持つ配列。

関連項目「029 SQLを使ってデータベースを直接操作する」

■ find()メソッドの条件指定に文字列を使用する場合

　find()メソッドの条件指定を文字列でする場合も、プレースホルダを使用することができます。

リスト2 SQLインジェクション脆弱性を持つWHERE句表現

```
$id = $this->request->query['id'];
$password = $this->request->query['password'];

$members = $this->Member->find(
    'all',
    array('conditions' => array(
        'Member.id = ? and Member.password = ?' =>
            array($id, $password)                       ❶
    ))
)
```

▼リストの説明

❶ 値を挿入する場所に「?」を記述した文字列をキーとし、挿入する値の配列を値とした配列。

関連項目「026 SQLのWHERE句を使用してデータを取得する」

Recipe 038 レコード作成・更新時にXSS対策の変換をする

ピックアップ `Model->beforeSave()`

ユーザが入力した文字列や他システムから取り込んだ文字列などはHTMLとして解釈したときに**クロスサイトスクリプティング(XSS)**を引き起こす可能性があります。このような文字列が含まれている可能性がある文字列については、システムへの入力からHTMLへの出力までの間で無害化する必要があります。

モデルのbeforeSave()メソッドは、モデルを使ったレコードの作成・更新時に実行されます。

beforeSave()メソッドの中では、これから作成・更新されるレコードのデータを更新することができますので文字列の無害化に便利です。

リスト1 beforeSave()メソッドでのXSS対策

```
public function beforeSave($options = array()){
    if (isset($this->data['Member']['name'])){ ──❶
        $this->data['Member']['name'] = htmlspecialchars( ──❷
            $this->data['Member']['name'],
            ENT_QUOTES
        );
    }
    return true; ──❸
}
```

▼リストの説明

❶ フィールドが選択されていない場合など、フィールドが存在しない場合があるのでフィールドの存在チェックをする。

❷ これから作成・更新されるレコードのデータからHTMLタグを取り除く。

❸ 必ずtrueを返す。falseを返すとレコードの作成・更新がキャンセルされる。

Chapter 03 モデルのレシピ

Recipe 039 CakePHPの名前規則に従っていないテーブルを使用する

ピックアップ Model->primaryKey, Model->useTable

　CakePHPではテーブル名とモデル名の関係性、テーブルのプライマリキーの項目名などが規約として決められており、それに従った命名をすることで少ない労力で開発を進めることができます。

　一方、既存システムとの連携や置き換えなど規約に従えないケースでも、それらの名前を設定することでモデルを使用することができます。

↓ リスト1 モデル設定

```
class Member extends AppModel {
    public $primaryKey = 'member_no';　　　　　　　　　　　　　　❶
    public $useTable = 'member_master';　　　　　　　　　　　　　❷
}
```

▼ リストの説明

❶ テーブルのプライマリキーの指定。
❷ モデルで使用するテーブル名の設定。

　なお、アソシエーションについても外部キーの名前などを指定することができます。詳細は「048 外部キーやモデルを独自に指定してアソシエーションを設定する」を参照してください。

Chapter 03 モデルのレシピ

Recipe 040 すべてのモデルに共通の処理を定義する

ピックアップ AppModel

CakePHPではModelクラスを継承したAppModelクラスを作成し、それを継承して実際のモデルを作ることが可能です。

プロジェクト内のモデルに共通の処理を記述するには、このAppModelクラスに処理を記述するのがよいでしょう。

以下のようなファイルを作成して、app/Model/AppModel.phpとして配置します。

リスト1 AppModel.php

```
App::uses('Model', 'Model');

class AppModel extends Model {

}
```

AppModelクラスを継承してモデルを作るには以下のようにします。

システム全体で使用したいバリデーションルールメソッドなどを記述すると便利に使えるでしょう。

リスト2 Member.php

```
App::uses('AppModel', 'Model');

class Member extends AppModel {

}
```

Chapter 03 モデルのレシピ

Recipe 041 ビヘイビアを使ってモデルの動作を拡張する

ピックアップ TreeBehavior

CakePHPのモデルには**ビヘイビア**という共通処理の仕組みが用意されています。

ビヘイビアを使うと、システム全体で利用したいメソッドや設定をまとめてファイルとして定義することができます。

■ TreeBahavior

以下の例はCakePHPに標準で用意されているTreeビヘイビアを使用する例です。

このビヘイビアを使うと、モデルが順番や階層構造を持つときに便利に使えるメソッドが拡張されます。

なお、ここで紹介する例は、以下のテーブル構造があることを想定しています。

表1 categories(カテゴリ)

フィールド名	型	内容
id	int(11)	カテゴリのID
parent_id	int(11)	TreeBehavior用フィールド
lft	int(11)	TreeBehavior用フィールド
rght	int(11)	TreeBehavior用フィールド
name	varchar(100)	カテゴリ名

表2 categoriesテーブルのレコード

id	parent_id	lft	rght	name
1	NULL	1	8	スポーツ
2	1	2	3	サッカー
3	1	4	5	野球
4	1	6	7	卓球
5	NULL	9	14	映画
6	5	10	11	アクション
7	5	12	13	サスペンス

リスト1 モデル

```
class Category extends AppModel{
    public $name = 'Category';
    public $actsAs = array('Tree');
}
```

リスト2 コントローラ

```
$list = $this->Category->generateTreeList();  ────❶

$this->Category->create();
$this->Category->save(  ────❷
    array('name' => 'バレーボール', 'parent_id' => 1)
);

$this->Category->moveUp(8);  ────❸

$path = $this->Category->getPath(2);  ────❹
```

041 ビヘイビアを使ってモデルの動作を拡張する

▼リストの説明

❶ カテゴリの一覧を配列形式で返す。
❷ カテゴリ「スポーツ」の配下に「バレーボール」を追加する。
❸ id 8のカテゴリを一覧上で1つ上に上げる(階層をまたがない)。
❹ ルートからid 2の「サッカー」に至るノードを選択する。

リスト2−❶の配列の内容は以下のようになっています。

```
array(
    (int) 1 => 'スポーツ',
    (int) 2 => '_サッカー ',
    (int) 3 => '_野球',
    (int) 4 => '_卓球',
    (int) 5 => '映画',
    (int) 6 => '_アクション',
    (int) 7 => '_サスペンス'
)
```

リスト2−❷実行後に❶を実行すると、以下のようになります。親として指定したid 1の「スポーツ」の配下に「バレーボール」が追加されています。

```
array(
    (int) 1 => 'スポーツ',
    (int) 2 => '_サッカー ',
    (int) 3 => '_野球',
    (int) 4 => '_卓球',
    (int) 0 => '_バレーボール',
    (int) 5 => '映画',
    (int) 6 => '_アクション',
    (int) 7 => '_サスペンス'
)
```

さらにリスト2-❸実行後に❶を実行すると以下のようになります。

```
array(
    (int) 1 => 'スポーツ',
    (int) 2 => '_サッカー',
    (int) 3 => '_野球',
    (int) 8 => '_バレーボール',
    (int) 4 => '_卓球',
    (int) 5 => '映画',
    (int) 6 => '_アクション',
    (int) 7 => '_サスペンス'
)
```

このように、TreeBehaviorを使うと順番や階層を持つモデルを非常に簡単に扱うことができます。

ここでは初期データを外部で作る場合のlft, rghtフィールドのデータの作り方について触れていませんが、これもTreeBehaviorのrecover()やreorder()メソッドを使うと簡単に作ることができます。詳細はCakePHPドキュメントを参照してください。

■ ビヘイビアの自作

ビヘイビアを自作するには、app/Model/Behaviorに以下のようなファイルを置きます。

ビヘイビアではモデルのコールバックと同型のコールバックを定義します。これらのコールバックはモデルのコールバックが実行される前に実行され、第1パラメータはモデルそのものが渡されます。

リスト3 自作ビヘイビア

```php
<?php
App::uses('ModelBehavior', 'Model');
```

041 ビヘイビアを使ってモデルの動作を拡張する

```
class TreeBehavior extends ModelBehavior {
    public function setup($Model, $settings = array()){ ─────────❶
    }
    public function cleanup($Model){ ─────────❷
    }
    public function beforeFind($Model, $query){ ─────────❸
        return $query;
    }
    public function afterFind($Model, $results, $primary){ ─────────❹
        return $results;
    }
    public function beforeDelete($Model, $cascade = false){ ─────────❺
        return true;
    }
    public function afterDelete($Model){ ─────────❻
    }
    public function beforeSave($Model){ ─────────❼
        return true;
    }
    public function afterSave($Model, $created){ ─────────❽
    }
    public function beforeValidate($Model){ ─────────❾
        return true;
    }
}
```

▼ リストの説明

❶ モデルにビヘイビアが割り当てられたときに実行される。第2パラメータにはモデルの$actsAsプロパティに記述されたオプションが渡される。

❷ モデルからビヘイビアが割り当て解除されたときに実行される。

❸ モデルのbeforeFind()メソッドの前に実行され、第2パラメータには実行されるfind()メソッドのパラメータ配列が渡される。渡されたパラメータ配列はそのまままたは変更して返却する。返却したパラメータ変数はfind()メソッドのパラメータとして実行される。

❹ モデルの`afterFind()`メソッドの前に実行され、第2パラメータには`find()`メソッドの結果配列が渡される。渡された結果配列はそのまま、または変更して返却する。返却した結果変数は`find()`メソッドの結果として返却される。

❺ モデルの`beforeDelete()`メソッドの前に実行される。`false`を返却すると削除を中止する。

❻ モデルの`afterDelete()`メソッドの前に実行される。

❼ モデルの`beforeSave()`メソッドの前に実行される。モデルの`beforeSave()`メソッド同様`$this->data`の操作をすることも可能。`false`を返却すると保存を中止する。

❽ モデルの`afterSave()`メソッドの前に実行される。第2パラメータはレコードが追加されたときに`true`、更新されたときに`false`が与えられる。

❾ モデルの`beforeValidate()`メソッドの前に実行される。`false`を返却するとバリデーションを失敗させる。

論理削除など多くのテーブルで同様の処理をする場合、ビヘイビアを使用するとスマートに処理を記述することができます。

また、ビヘイビアには上記コールバック以外のメソッドを定義することも可能です。ビヘイビアに定義されたメソッドは、そのビヘイビアを使用しているモデルで自身に定義されているかのように使用することができます。

The Bakeryなどビヘイビアを配布しているサイトもありますので、配布されているビヘイビアに要件に合うものがあるかチェックしてみてもよいでしょう。

▼ **The Bakery**

http://bakery.cakephp.org/articles/category/behaviors

Chapter 04

アソシエーションのレシピ

- 042 「注文と注文明細の関係」(has many)をアソシエーション設定する 104
- 043 「社員と部署マスタの関係」(belongs to)をアソシエーション設定する 108
- 044 「記事とタグの関係」(HABTM)をアソシエーション設定する 111
- 045 アソシエーションされたモデルのデータ取得範囲を指定する 115
- 046 検索条件としてアソシエーションされたモデルのフィールドを指定する 116
- 047 プログラム中でアソシエーションを設定・解除する 118
- 048 外部キーやモデルを独自に指定してアソシエーションを設定する 120
- 049 データ削除時にアソシエーションされたモデルのデータもまとめて削除する 123
- 050 アソシエーション先のレコード数を自動的に更新する....... 125

Recipe 042 「注文と注文明細の関係」(has many)をアソシエーション設定する

has manyアソシエーションは、自身に複数のレコードが紐付くアソシエーションです。

例としては、1つの注文に対して複数の注文明細が紐付く関係を表現するアソシエーションです(「注文 has many 注文明細」)。

has manyの例を紹介するにあたって、以下のテーブル構造があると想定します。

▼表1 orders(注文)

フィールド名	型	内容
id	int(11)	テーブルのID
name	varchar(100)	注文者の氏名
address	varchar(100)	注文者の住所

▼表2 order_items(注文明細)

フィールド名	型	内容
id	int(11)	テーブルのID
order_id	int(11)	注文テーブルへの外部参照
item_name	varchar(255)	商品名
price	int(11)	価格

このとき、ordersテーブルのモデルOrderにhas manyアソシエーションを設定するには以下のようにします。

▼リスト1 Orderモデル

```
App::uses('AppModel', 'Model');
```

042 「注文と注文明細の関係」(has many)をアソシエーション設定する

```
class Order extends AppModel {
    public $hasMany = array('OrderItem');
}
```

とてもシンプルな設定ですが、これはテーブル定義が

- テーブルの主キーはidという名前を持つ整数型のフィールドである
- 外部参照のフィールド名は参照先のテーブル名とidをアンダースコアで接続した名前を持つ整数型のフィールドである

というCakePHPの規約に従っているためです。

通常はこの規約に従ってテーブル定義をすることをお勧めします。

どうしてもこの規約に従えない場合の設定方法については、「048 外部キーやモデルを独自に指定してアソシエーションを設定する」の「has manyのレコード選択」を参照してください。

■ has manyのレコード選択

アソシエーション設定したOrderモデルを使って以下のようにfind()メソッドを実行します。特に条件を指定せずordersテーブルのすべての内容を選択しています。

↓ リスト2 アソシエーションされたモデルの選択

```
$orders = $this->Order->find('all', array('order' => 'Order.id'));
```

リスト2実行後の$ordersの内容は以下のようになります。

Orderモデルからhas manyアソシエーションされているOrderItemモデルが一緒に取得されています。

↓ **リスト3** 実行結果

```
array(
    (int) 0 => array(
        'Order' => array(
            'id' => '1',
            'name' => '山田太郎',
            'address' => '東京都千代田区外神田1-17-6'
        ),
        'OrderItem' => array(―――――――――――――――――――❶
            (int) 0 => array(
                'id' => '1',
                'order_id' => '1',
                'item_name' => 'CPU',
                'price' => '10000'
            ),
            (int) 1 => array(
                'id' => '2',
                'order_id' => '1',
                'item_name' => 'メモリ',
                'price' => '12000'
            )
        )
    )
)
```

▽ リストの説明

❶ `OrderItem`モデルが取得されている。

has manyアソシエーションの注意事項

　has manyアソシエーションは大変便利に使用できますが、内部的には以下の2つのSQLが実行されています。

　このとき1つめのSQLで選択したordersテーブルのレコード数によって、2

042 「注文と注文明細の関係」(has many)をアソシエーション設定する

つめのSQLのサイズが大きくなります。has manyを使用したモデルでfind()メソッドを使用するときは、ヒットするレコード数が多くなりすぎないように注意しましょう。

リスト4 内部的に実行されたSQL

```
SELECT `Order`.`id`, `Order`.`name`, `Order`.`address`
FROM `cakedb`.`orders` AS `Order`
WHERE 1 = 1
ORDER BY `Order`.`id` ASC

SELECT `OrderItem`.`id`, `OrderItem`.`order_id`,
    `OrderItem`.`item_name`, `OrderItem`.`price`
FROM `cakedb`.`order_items` AS `OrderItem`
WHERE `OrderItem`.`order_id` IN (1, 2)
```

　アソシエーションはリスト1のようにモデル定義の中で設定する方法もありますが、プログラム中で動的に設定する方法もあります。has manyアソシエーションは、モデル定義の中で設定するより必要な場所で動的に設定する方がよいでしょう。

　プログラム中での動的なアソシエーション設定について詳細は、「047 プログラム中でアソシエーションを設定・解除する」を参照してください。

Recipe 043 「社員と部署マスタの関係」(belongs to)をアソシエーション設定する

　belongs toアソシエーションは、あるレコードに他のテーブルへの外部参照を持つアソシエーションです。

　例としては1人の社員が1つの部署に属する関係を紐付くアソシエーションです(「社員 belongs to 部署」)。

　このアソシエーションは、SQL上ではleft joinに相当します。

　前述の「社員と部署の関係」の他、県マスタの参照などアソシエーションの中でも最もよく使うものになるでしょう。

　belongs toの例を紹介するにあたって、以下のテーブル構造があると想定します。

表1　members(社員)

フィールド名	型	内容
id	int(11)	テーブルのID
name	varchar(100)	氏名
division_id	int(11)	部署テーブルへの外部参照

表2　divisions(部署)

フィールド名	型	内容
id	int(11)	テーブルのID
name	varchar(100)	部署名

　このとき、membersテーブルのモデルMemberにbelongs toアソシエーションを設定するには以下のようにします。

043 「社員と部署マスタの関係」(belongs to)をアソシエーション設定する

リスト1 Memberモデル

```
App::uses('AppModel', 'Model');

class Member extends AppModel {
    public $belongsTo = array('Division');
}
```

「042「注文と注文明細の関係」(has many)をアソシエーション設定する」で解説したのと同様、このようにシンプルな設定でbelongs toアソシエーションを表現できるのは、テーブル定義がCakePHPの規約に従っているためです。

この規約に従えない場合の設定方法については「048 外部キーやモデルを独自に指定してアソシエーションを設定する」を参照してください。

■ belongs toのレコード選択

アソシエーション設定したMemberモデルを使って、以下のようにfind()メソッドを実行します。特に条件を指定せずMemberテーブルのすべての内容を選択しています。

リスト2 アソシエーションされたモデルの選択

```
$members = $this->Member->find('all', array('order' => 'Member.id'));
```

リスト2実行後の$membersの内容は以下のようになります。

Memberモデルからbelongs toアソシエーションされているDivisionモデルが一緒に取得されています。

リスト3 実行結果

```
array(
    (int) 0 => array(
        'Member' => array(
            'id' => '1',
```

```
            'name' => '山田太郎',
            'division_id' => '1'
        ),
        'Division' => array(                              ❶
            'id' => '1',
            'name' => '営業部'
        )
    )
)
```

▼リストの説明

❶ Divisionモデルが取得されている。

リスト2実行時には以下のSQLが実行されています。

↓ リスト4 内部的に実行されたSQL

```
SELECT
    `Member`.`id`, `Member`.`name`, `Member`.`division_id`,
    `Division`.`id`, `Division`.`name`
FROM
    `cakedb`.`members` AS `Member`
LEFT JOIN
    `cakedb`.`divisions` AS `Division` ON (
        `Member`.`division_id` = `Division`.`id`
    )
WHERE
    1 = 1
ORDER BY
    `Member`.`id` ASC
```

内部的にもleft joinのSQLが実行されています。そのため適切なインデックスが設定されていれば、このクエリは高速に処理されます。

Recipe 044 「記事とタグの関係」(HABTM)をアソシエーション設定する

has and belongs to manyアソシエーションは、2つのテーブルが多対多の紐付きを持つアソシエーションです。

例としては、Blogなどの記事と記事に付けられたタグの関係を表現するアソシエーションです(「記事 has and belongs to many タグ」)。

名称が長いためその頭文字を取って**HABTM**と呼ばれています。本書ではそれに倣ってHABTMと表記します。

HABTMの例を紹介するにあたって、以下のテーブル構造があると想定します。

▼ 表1　articles(記事)

フィールド名	型	内容
id	int(11)	テーブルのID
title	varchar(255)	記事のタイトル
body	text	記事の本文

▼ 表2　tags(タグ)

フィールド名	型	内容
id	int(11)	テーブルのID
name	varchar(100)	タグの名称

これら2つのテーブルの他、テーブル間の多対多の関係を表現するための中間テーブルが必要になります。

中間テーブルは2つのテーブル名をアルファベット順に接続した名前で作成し、内容は2つのテーブルのIDを含みます。

2つのテーブル名が複数形になっていることと、その順番に注意してください。

表1 articles_tags

フィールド名	型	内容
id	int(11)	テーブルのID
article_id	int(11)	記事テーブルへの外部参照
tag_id	int(11)	タグテーブルへの外部参照

　テーブルを作成したら、articlesテーブルのモデルArticleにHABTMアソシエーションを設定します。

リスト1 Articleモデル

```
App::uses('AppModel', 'Model');

class Article extends AppModel {
    public $name = 'Article';
    public $hasAndBelongsToMany  = array('Tag');
}
```

■HABTMのレコード選択

　アソシエーション設定したArticleモデルを使って、以下のようにfind()メソッドを実行します。特に条件を指定せず、articlesテーブルのすべての内容を選択しています。

リスト2 アソシエーションされたモデルの選択

```
$articles = $this->Article->find('all', array('order' => 'Article.id'));
```

　リスト2実行後の$articlesの内容は以下のようになります。
　Orderモデルからhas manyアソシエーションされているOrderItemモデルが一緒に取得されています。
　ArticleモデルからHABTMアソシエーションされているTagモデルが一緒

044　「記事とタグの関係」(HABTM)をアソシエーション設定する

に選択されており、さらにArticleモデルとTagモデルを紐付ける中間テーブルArticlesTagモデルも選択されています。

リスト3 実行結果

```
array(
    (int) 0 => array(
        'Article' => array(
            'id' => '1',
            'title' => 'CakePHP2入門',
            'body' => '発売しました。'
        ),
        'Tag' => array(                                              ❶
            (int) 0 => array(
                'id' => '1',
                'name' => 'blog',
                'ArticlesTag' => array(                              ❷
                    'id' => '1', 'tag_id' => '1', 'article_id' => '1'
                )
            ),
            (int) 1 => array(
                'id' => '2',
                'name' => 'PHP',
            ),
            (int) 2 => array(
                'id' => '3',
                'name' => 'framework',
            )
        )
    ),
)
```

▼リストの説明

❶ Tagモデルが取得されている。
❷ このTagとArticleを紐付けるArticlesTagモデルが取得されている。

リスト2の実行時には、内部的に以下の2つのSQLが実行されています。

has manyアソシエーションの例と同様に、1つめのSQLで選択したarticlesテーブルのレコード数によって、2つめのSQLのサイズが大きくなります。HABTMを使用したモデルでfind()メソッドを使用するときは、ヒットするレコード数が多くなりすぎないように注意しましょう。

↓ リスト4　内部的に実行されたSQL

```sql
SELECT
    `Article`.`id`, `Article`.`title`, `Article`.`body`,
    `Article`.`created`, `Article`.`modified`
FROM `cakedb`.`articles` AS `Article`
WHERE 1 = 1
ORDER BY `Article`.`id` ASC                                    ❶

SELECT
    `Tag`.`id`, `Tag`.`name`, `Tag`.`created`, `Tag`.`modified`,
    `ArticlesTag`.`id`, `ArticlesTag`.`tag_id`,
    `ArticlesTag`.`article_id`, `ArticlesTag`.`created`,
    `ArticlesTag`.`modified`
FROM `cakedb`.`tags` AS `Tag`
JOIN `cakedb`.`articles_tags` AS `ArticlesTag` ON (
    `ArticlesTag`.`article_id` IN (1, 2) AND
    `ArticlesTag`.`tag_id` = `Tag`.`id`
)                                                              ❷
```

▼リストの説明

❶ 検索条件にヒットするarticlesテーブルのレコードを取得。
❷ ❶でヒットしたarticlesテーブルのレコードのIDを指定して、それに紐付くtagsテーブルの内容を取得。

Recipe 045 アソシエーションされたモデルのデータ取得範囲を指定する

ピックアップ `Model->recursive`

アソシエーションが設定されたモデルのfind()メソッドでデータを取得すると、アソシエーション先のモデルのデータも取得されます。

このとき、アソシエーションをいくつまで辿ってデータを取得するかを、モデルのrecursiveプロパティを使って指定することができます。

表1 recursiveプロパティの値とデータの取得範囲

値	データ取得範囲
-1	自身のデータのみ取得する
0	自身とbelongs toのデータを取得する
1	自身とbelongs to、has manyのデータを取得する(デフォルト値)
2	自身とbelongs to、has manyのデータ、さらにhas manyのデータが持つbelongs toのデータを取得する

アソシエーション設定により取得するデータのサイズが大きくなると、find()メソッドのパフォーマンスは低下します。

find()メソッド実行前にそのfind()メソッドで取得したいデータの範囲を検討し、recursiveの指定を適切に行うようにしましょう。

Recipe 046 検索条件としてアソシエーションされたモデルのフィールドを指定する

belongs toアソシエーションが指定されているモデルでは、find()メソッドの検索条件としてアソシエーション先のモデルのフィールド名を指定することも可能です。

find()メソッドの検索条件には、モデル名を含めたフィールド名で通常の検索と同じように条件指定します。

以下の例では、Memberモデルがbelongs toアソシエーションでDivisionモデルと紐付けされている想定でDivisionモデルのnameを検索条件として使用しています。

↓ リスト2 検索条件の例

```
$members = $this->Member->find(
    'all',
    array('conditions' => array('Division.name like' => '営業%'))
);
```

このfind()メソッド実行では以下のデータが取得できます。

↓ リスト2 取得されたデータ

```
array(
    (int) 0 => array(
        'Member' => array('id' => '1', 'name' => '山田太郎'),
        'Division' => array('id' => '1', 'name' => '営業部')
    ),
    (int) 1 => array(
        'Member' => array('id' => '4', name' => '鈴木次郎'),
        'Division' => array('id' => '3', name' => '営業事務部')
    )
)
```

046 検索条件としてアソシエーションされたモデルのフィールドを指定する

このとき、内部的には以下のSQLが実行されています。

left joinでテーブルを結合した上でWHERE句にdivisionテーブルの条件を指定しています。

リスト3 実行されたSQL

```sql
SELECT
    `Member`.`id`, `Member`.`name`, `Member`.`division_id`,
    `Division`.`id`, `Division`.`name`
FROM
    `cakedb`.`members` AS `Member`
    LEFT JOIN `cakedb`.`divisions` AS `Division` ON (
        `Member`.`division_id` = `Division`.`id`
    )
WHERE
    `Division`.`name` like '営業%'
```

Column: モデルのバーチャルフィールド

モデルでは仮想的なフィールドを仮想的なフィールド(バーチャルフィールド)として定義することができます。

バーチャルフィールドはモデルのvirtualFieldsプロパティで設定します。

```
public $virtualFields = array(
    'tel' => 'concat(User.tel1, "-", User.tel2, "-", User.tel3)'
);
```

このように設定すると、あたかもテーブルにtelというフィールドがあるかのようにモデルはデータを返します。

Recipe 047 プログラム中でアソシエーションを設定・解除する

ピックアップ `Model->bindModel(), Model->unbindModel()`

モデルにアソシエーションを設定するには、通常、モデルの定義内でbelongsToプロパティやhasManyプロパティに値を設定して行います。

しかし主にパフォーマンス的な理由で、アソシエーションをプロラム内で動的に設定したり解除したりする必要があることがあります。

そのような場合、モデルのbindModel()メソッドやunbiondModel()メソッドを使用してアソシエーションを設定・解除します。

以下は、Divisionモデルに対して、Memberモデルをhas manyアソシエーション設定する例です。

↓ リスト1 アソシエーションの動的設定

```
$this->Division->bindModel(array('hasMany' => array('Member')));
```

bindModel()メソッドのオプションには、「048 外部キーやモデルを独自に指定してアソシエーションを設定する」で解説するパラメタ設定も渡すことができます。

↓ リスト2 複雑なアソシエーションの動的設定

```
$this->Division->bindModel(
    array(
        'hasMany' => array(
            'Member' => array(
                'className' => 'Member',
                'foreignKey' => 'division_id',
                'conditions' => array('Member.is_deleted' => false),
```

047 プログラム中でアソシエーションを設定・解除する

```
            ),
        )
    ),
    false
);
```

bindModel()メソッドで作成したアソシエーションや、モデル定義で設定したアソシエーションを解除するにはunbindModel()を使用します。

以下は、先に設定したDivisionモデルのMemberモデルへのアソシエーションを解除する例です。

リスト3　アソシエーションの動的解除

```
$this->Division->unbindModel(array('hasMany' => array('Member')));
```

なお、bindModel(), unbindModel()メソッドで設定したアソシエーション設定は、find()メソッドを1回実行するとモデル定義で設定した状態に戻されます。

bindModel(), unbindModel()メソッドの第2パラメータにfalseを設定すると、find()メソッド実行後も設定は継続します。

リスト4　継続する動的アソシエーション設定

```
$this->Division->bindModel(array('hasMany' => array('Member')), false);
```

Recipe 048 外部キーやモデルを独自に指定してアソシエーションを設定する

モデルのアソシエーションでは、通常CakePHPの規約に従ってテーブル名、フィールド名を付けることで、プログラムや設定を書くことなくアソシエーション定義ができます。

一方、何らかの理由によりその規約に従えない場合、モデルの設定については「038 CakePHPの名前規則に従っていないテーブルを使用する」で解説したように設定方法が用意されています。

それと同様にアソシエーションについても設定方法が用意されています。

リスト1 belongs toアソシエーションの独自設定

```
class Profile extends AppModel {
    public $name = 'Profile';
    public $belongsTo = array(
        'User' => array(                                    ──❶
            'className' => 'User',                          ──❷
            'foreignKey' => 'user_id',                      ──❸
            'conditions' => array('User.is_deleted' => false),  ──❹
            'type' => 'inner',                              ──❺
            'fields' => array('User.id', 'User.name'),      ──❻
        )
    );
}
```

▼リストの説明

❶ このモデルから参照するための名称。同じモデルに対して2つのアソシエーションを指定したい場合、この名前を任意に設定した上で❷❸を設定する。

❷ アソシエーション先モデル名。

❸ 外部キーとして使う自モデルのフィールド名。

❹ アソシエーション先モデルに与える条件。アソシエーション先が論理削除フィールドを持つ場合に論理削除されていないかチェックする場合などに使用する。find()メソッドのオプションと同様の形式で指定。

❺ SQLクエリで使われるテーブル結合の種別。leftまたはinnerで指定する。デフォルトはleft。

❻ 取得するフィールドを指定する。デフォルトでは全フィールド。

リスト2 has manyアソシエーションの独自設定

```php
class User extends AppModel {
    public $name = 'User';
    public $hasMany = array(
        'Comment' => array(
            'className' => 'Comment',
            'foreignKey' => 'user_id',
            'conditions' => array('Comment.is_deleted' => false),
            'order' => array('Comment.created' => 'desc'),    ──❶
            'limit' => 10,                                    ──❷
            'offset' => 20,                                   ──❸
        )
    );
}
```

▼ リストの説明

❶ アソシエーション先モデルのソート順。find()メソッドのオプションと同様の形式で指定。

❷ アソシエーション先から取得するレコードの最大数。

❸ アソシエーション先から取得するレコードの開始位置。

リスト3 HABTMアソシエーションの独自設定

```php
class Article extends AppModel {
    public $name = 'Article';
    public $hasAndBelongsToMany = array(
        'Tag' => array(
```

Chapter 04 アソシエーションのレシピ

```
            'className' => 'Tag',                                    ──❶
            'joinTable' => 'articles_tags',                          ──❷
            'with' => 'ArticlesTag',                                 ──❸
            'foreignKey' => 'article_id',                            ──❹
            'associationForeignKey' => 'tag_id',                     ──❺
            'unique' => true,                                        ──❻
            'conditions' => array('Tag.is_deleted' => false),        ──❼
            'fields' => array('Tag.name'),                           ──❽
            'order' => array('Tag.name'),                            ──❾
            'limit' => 10,
            'offset' => 10,
        )
    );
}
```

▼ リストの説明

❶ アソシエーション先モデル名。

❷ 中間テーブルの名前。

❸ 中間テーブルのモデル名。通常❸を指定すると自動生成される。

❹ 外部キーとして使う自モデルのフィールド名。

❺ 外部キーとして使うアソシエーション先モデルのフィールド名。

❻ `true`を指定すると新しいレコードを挿入するときにすべてのレコードを削除する。`false`を指定するとレコードを挿入したあと、joinできない（整合性が保たれていない）レコードがあれば削除される。デフォルトは`true`。

❼ アソシエーション先モデルに与える条件。アソシエーション先が論理削除フィールドを持つ場合に、論理削除されていないかチェックする場合などに使用する。`find()`メソッドのオプションと同様の形式で指定。

❽ 取得するフィールドを指定する。デフォルトでは全フィールド。

❾ アソシエーション先モデルのソート順。`find()`メソッドのオプションと同様の形式で指定。

Chapter 04 アソシエーションのレシピ

Recipe 049 データ削除時にアソシエーションされたモデルのデータもまとめて削除する

has manyアソシエーションの設定によって、自モデルのレコード削除時に関連するレコードを連鎖削除させることができます。

以下は、ユーザ(User)が削除されたときにユーザが投稿したコメント(Comment)も削除する例です。

リスト1 has manyアソシエーションの設定

```php
class User extends AppModel {
    public $name = 'User';
    public $hasMany = array(
        'Comment' => array(
            'dependent' => true,            ──❶
            'exclusive' => false,           ──❷
        )
    );
}
```

▼リストの説明

❶ trueに設定するとUserレコード削除時にそれに紐付くCommentレコードも削除する。

❷ trueに設定するとデータ削除時に1つのSQLでCommentレコードを削除する。falseに設定するとCommentレコードを1つずつループして削除する。デフォルトはfalse。

リスト2 削除処理

```php
$this->Member->delete(2);
```

このdelete()メソッドで実行されるSQLは、exclusiveがtrueオプション

かfalseかで異なります。

　trueを指定する場合は、削除されるレコード数を考慮に入れて、削除のSQL文が長くなりすぎないようにする必要があります。

リスト3 exclusiveがtrueのときに実行される削除のSQL

```
DELETE 'Comment' FROM `cakedb`.`comments` AS 'Comment'
WHERE 'Comment'.`id` IN (2, 3)

DELETE `User` FROM `cakedb`.`users` AS `User`
WHERE `User`.`id` = 2
```

リスト4 exclusive が false のときに実行される削除のSQL

```
DELETE 'Comment' FROM `cakedb`.`comments` AS 'Comment'
WHERE 'Comment'.`id` = 2

DELETE 'Comment' FROM `cakedb`.`comments` AS 'Comment'
WHERE 'Comment'.`id` = 3

DELETE `User` FROM `cakedb`.`users` AS `Division`
WHERE `Division`.`id` = 2
```

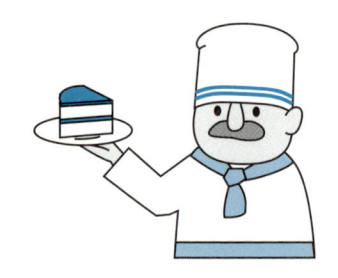

Recipe 050 アソシエーション先のレコード数を自動的に更新する

　CommentモデルにUserモデルへの外部参照を持ち、UserモデルからCommentモデルにhas manyアソシエーションが設定されているような設計は、has manyアソシエーションのよくある形です。

　このような場合に、Userモデルのfind()メソッドでユーザごとのコメント数を取得したい場合に、都度コメント数を計算するとパフォーマンスが出ない場合があります。

　CakePHPのモデルでは、createdやmodifiedのようにプログラマが特にコードを書かなくても、特定の名前でテーブルにフィールドを使っておけば自動的に更新される仕組みがあります。

　この仕組みはアソシエーションにも用意されており、これを使うと前述のパフォーマンス問題への対策をすることができます。

表1　users(ユーザ)

フィールド名	型	内容
id	int(11)	テーブルのID
name	varchar(255)	ユーザ名
comment_count	int(11)	コメント数

表2　comments(コメント)

フィールド名	型	内容
id	int(11)	テーブルのID
user_id	int(11)	ユーザテーブルへの外部参照
body	text	コメント
is_deleted	boolean	削除されているか否か

Chapter 04 アソシエーションのレシピ

　以下はcommentsテーブルのレコードが追加・削除されたときにusersテーブルのcomment_countフィールドを更新する設定です。

▼リスト1　Commentモデルの設定

```
class Comment extends AppModel {
    public $belongsTo = array(
        'User' => array(
            'counterCache' => true,                                          ──❶
            'counterScope' => arrray('Comment.is_deleted' => false),  ──❷
        )
    );
}
```

▼リストの説明

❶ trueを指定すると、Commentにレコードを追加・削除するたびに関連するUserレコードのcomment_countフィールドが更新される。

❷ 条件を指定すると、指定した条件に合致するレコードのみをカウントすることも可能。

Chapter 05

バリデーション（検証）のレシピ

- **051** ユーザが入力した値にエラーがあるかを検証する 128
- **052** CakePHPの組み込みバリデータを使って値を検証する 133
- **053** バリデーションでエラーになった場合のエラーメッセージを
  設定する 142
- **054** 入力されたユーザ名がすでに使用されているかの検証をする
  143
- **055** 日本語を考慮した文字数制限の検証をする 145
- **056** 2回入力したメールアドレスが等しいか検証する 147
- **057** プログラム中でバリデーションを設定・解除する 148

Chapter 05 バリデーション（検証）のレシピ

Recipe 051 ユーザが入力した値にエラーがあるかを検証する

ピックアップ `Model->invalidFields(), Model->validationErrors`

モデルでは、データを保存するときにそのデータが正しいかを検証する**バリデーション**の仕組みが用意されています。

■ バリデーションの設定

バリデーションは、モデルのvalidateプロパティにフィールドごとのバリデーションルールを表記することで設定します。

もっともシンプルな例では、以下のようにフィールド名とバリデータを指定します。

⬇ リスト1 バリデーションの設定（ルールのみの指定）

```
class Article extends AppModel {
    public $name = 'Article';
    public $validate = array(         ――❶
        'title' => 'notEmpty'         ――❷
    );
}
```

▼ リストの説明

❶ モデルのvalidateプロパティにバリデーションルールを表記する。
❷ titleフィールドが空でないかを検証するnotEmptyバリデータを指定したバリデーション。

バリデーションルールには、どのようにバリデーションを行うかのオプションをあわせて指定することができます。

051 ユーザが入力した値にエラーがあるかを検証する

この場合、以下のようにバリデーションルールを配列とし、キーにオプションを指定します。

リスト2 バリデーションの設定（オプションの指定）

```
class Article extends AppModel {
    public $name = 'Article';
    public $validate = array(
        'title' => array(                          ——❶
            'rule' => 'notEmpty',                  ——❷
            'required' => true,                    ——❸
            'message' => 'タイトルは必須です。',   ——❹
        ),
    );
}
```

▼ リストの説明

❶ フィールド名をキーとして配列を表記し、フィールドごとのバリデーションルールとする。
❷ バリデータをruleキーで指定する。
❷ titleフィールドを必須とする（データはtitleのキーを持つ必要がある）。
❸ データがtitleのキーを持たない場合のエラーメッセージ。後述のエラー配列に返される。

1フィールドに対して複数のルールを指定することも可能です。

リスト3 バリデーションの設定（1フィールドに複数ルール）

```
class Article extends AppModel {
    public $name = 'Article';
    public $validate = array(
        'title' => array(                          ——❶
            array(
                'required' => true,
                'message' => 'タイトルは必須です。',
```

```
            ),
            array(
                'allowEmpty' => false,
                'message' => 'タイトルを入力してください。',
            ),
        ),
    );
}
```

▼ リストの説明

❶ フィールド名をキーとした配列に複数のバリデーションルールを設定することが可能。

バリデーションのオプション

　この形で指定できるバリデータとして、CakePHPでは多くの組み込みバリデータが用意されています。詳細は「052 CakePHPの組み込みバリデータを使って値を検証する」をご覧ください。

　バリデーションのオプションについては、以下が指定可能です。

オプション	デフォルト値	意味
allowEmpty	true	空を許容するか。falseを指定すると対象が空文字, 0, '0', null, false, array()の場合にエラーとする。
last	true	1フィールドに対して複数のルールを指定した場合、バリデーションがエラーになった時点でその後のルールは評価されないが、このオプションにfalseを指定すると指定したバリデーションがエラーになった場合も次のルールを評価する。
message	ルールのキー	バリデーションがエラーになった場合のエラーメッセージ。
on	null	'create'または'update'を指定するとこのバリデーションはレコードの作成時(create)または更新時(update)しか適用されなくなる。
required	false	trueを指定すると、データ配列は指定フィールド名のキーを持つ必要がある(allowEmptyとの違いに注意)。CakePHP2.1以上の場合、'create', 'update'を指定可能。指定すると作成時(create)、更新時(update)のみ検証する。

■ バリデーションの実行

モデルにバリデーションルールが設定されている状態で、ユーザが入力した値にエラーがあるかを検証するには以下のようにします。

リスト4 バリデーションの実行

```
$this->User->set($this->request->data);                    ①
$errors = $this->User->invalidFields();                    ②
if ($count($errors) > 0){                                  ③
    エラーがある場合の処理
} else {
    エラーがない場合の処理
}
```

▼ リストの説明

① モデルにユーザの入力をセットする。
② モデルに設定されたバリデーションを実行しエラー配列を取得する。
③ エラーメッセージが配列に格納されていればエラーが発生している。

エラーが発生している場合、エラー配列は以下のようになります。

リスト5 invalidFields()メソッドが返すエラー配列

```
array(
    'title' => array(                                      ①
        (int) 0 => 'This field cannot be left blank'       ②
    )
)
```

▼ リストの説明

① エラー配列のキーはモデルのフィールド名となる。
② モデルのフィールド名のキーで発生したエラーメッセージの配列が返される。

リスト4の例は、あらかじめエラーがないことを確認した上でデータの保存など処理を行う例です。

一方、データの保存時にエラーが発生すれば、それに応じた処理をするという方法も可能です。以下はその例です。

リスト6 データ保存時のバリデーション

```
$result = $this->User->save($this->request->data);          ─❶
if ($result){                                                ─❷
    エラーがない場合の処理
} else {
    $errors = $this->User->validationErrors;                 ─❸
}
```

リストの説明

❶ ユーザの入力でデータを保存する。

❷ `save()`メソッドは保存に成功すると保存したモデルの配列、失敗するとfalseを返す。

❸ エラーが発生している場合、`validationErrors`プロパティにエラーメッセージの配列がセットされている(リスト5と同じ形式)。

CakePHPの組み込みバリデータを使って値を検証する

モデルには数多くの組み込みバリデータが用意されており、プログラムを書くことなくモデルのバリデーションを行うことができます。

ここでは組み込みバリデータのうち、日本の事情に合った使い勝手のよいものを紹介します。

■ 文字数のバリデータ

文字数に関するバリデータとして、以下が用意されています。

バリデータ	内容	パラメータ	
between	文字数が指定した文字数の範囲内か。	最小値	必須
		最大値	必須
minLength	文字数が指定した文字数より長いか。	最小値	必須
maxLength	文字数が指定した文字数より短いか。	最大値	必須

どれも全角, 半角問わず1文字として扱い、指定した長さを含みます。

数字が渡された場合、そのまま文字列として評価されます。

リスト1 文字数のバリデーション

```
class Article extends AppModel {
    public $name = 'Article';
    public $validate = array(
        'title' => array(
            'rule' => array('between', 10, 30),         ――❶
        ),
        'category' => array(
            'rule' => array('minLength', 5),            ――❷
```

```
        ),
        'url' => array(
            'rule' => array('maxLength', 50),                    ❸
        ),
    );
}
```

▼ リストの説明

❶ 10～30文字であるかを検証するバリデーション。
❷ 5文字以上であるかを検証するバリデーション。
❸ 50文字以下であるかを検証するバリデーション。

数値のバリデータ

数値に関するバリデータとして、以下が用意されています。

文字列が与えられた場合も、それが数字として解釈可能であり、バリデータの条件を満たせば数字として検証されます。

ただし全角は数字として解釈されずエラーとされます。

バリデータ	内容		パラメータ
decimal	値が数字か。	小数のみ許可	true: 小数のみ許可。1以上の整数: 小数点以下の桁数。省略可。デフォルトはfalse(すべて許可)。
		正規表現	省略可。指定すると第1パラメータ(小数のみ許可)は無視される。PHPのpreg_match()関数にそのまま渡される。
naturalNumber `CakePHP2.2以降`	値が自然数か。	0を許容するか	省略可。true: 許容。デフォルトはfalse(0を許容しない)。
numeric	PHPのis_numeric()関数ラッパ。	なし	
range	数字が指定した範囲内か。指定した値は含まない。	下限	必須
		上限	必須

リスト2 数値のバリデータ

```
class Item extends AppModel {
    public $name = 'Item';
    public $validate = array(
        'cut_rate' => array(
            'rule' = array('decimal', true),          ──①
        ),
        'stock' => array()
            'rule' = array('naturalNumber', true),    ──②
        ),
        'price' => array(
            'rule' = 'numeric',                        ──③
        ),
        'weight' => array(
            'rule' = array('range', 100, 150),         ──④
        ),
    );
}
```

▼ リストの説明

① 値が小数であるかを検証するバリデーション。
② 値が自然数(1以上の整数)または0であるかを検証するバリデーション。
③ 値が数字であるかをPHPのis_numeric()で検証するバリデーション。
④ 値が100より大きく150未満かを検証するバリデーション。

■ 日時のバリデータ

日時に関するバリデータとして、以下が用意されています。
全角数字は数字として取り扱われずエラーとされます。

バリデータ	内容		パラメータ
date	文字列が日付か	フォーマット	ymd, dmy, mdy, Mdy, My, myから指定。
		正規表現	省略可。指定すると第1パラメータ（フォーマット）は無視される。PHPのpreg_match()関数にそのまま渡される。
time	文字列が時間か	なし	
datetime	文字列がスペースで区切られた日時か	フォーマット	dateと同じ。
		正規表現	省略可。指定すると第1パラメータ（フォーマット）は無視される。PHPのpreg_match()関数にそのまま渡される。

日付のフォーマットの文字が表す意味は以下のとおりです。

文字	意味
dmy	27-08-2013または27-08-13形式。数字の区切りはスペース、「.」「-」「/」。
mdy	08-27-2013または08-27-13形式。数字の区切りはスペース、「.」「-」「/」。
ymd	2013-08-27または13-08-27形式。数字の区切りはスペース、「.」「-」「/」。
dMy	27 August 2013または27 Aug 2013形式。
Mdy	August 27, 2013またはAug 27, 2013形式。カンマは省略可能。
My	August 2013またはAug 2013形式。
my	08/2013形式。数字の区切りはスペース、「.」「-」「/」。

時間については24時間制、12時間制どちらもサポートします。12時間制の場合、末尾にamやpmを付与します。am/pmの前には半角スペースが1つ付いていても許容します。

↓ リスト3 日時のバリデータ

```
class Article extends AppModel {
    public $name = 'Article';
    public $validate = array(
        'post_date' => array('rule' => array('date', 'ymd')),  ──❶
        'post_date_regex' => array(
```

```
            'rule' => array('date', null, '/¥d{4}年¥d{2}月¥d{2}日/'), ──❷
        ),
        'post_time' => array('rule' => 'time'),─────────────────────❸
        'post_datetime' => array(
            'rule' => array('datetime', 'ymd'),─────────────────────❹
        ),
    );
}
```

▼リストの説明

❶ 値が2013/8/27など形式であるかを検証するバリデーション。

❷ 値が2013年08月27日形式であるかを正規表現で検証するバリデーション。PHPのpreg_match()にそのまま渡されるので、正規表現の前後を半角「/」で挟む。

❸ 値が1:20pmや13:20など、時間形式であるかを検証するバリデーション。

❹ 値が2013/8/27 13:20など、指定した形式の日付と時間が1つ以上のスペースで区切られた形式であるかを検証するバリデーション。

■ 形式のバリデータ

与えられた値が特定の形式に従っているかを検証するバリデータとして以下が用意されています。

バリデータ	内容	パラメータ	
url	URL形式検証	なし	
boolean	真偽値か	なし	
multiple	複数選択検証	オプション配列	配列のキー in(選択肢配列), max(選択できる最大数), min(選択必須数)
multiple	複数選択検証	比較モード	true: 形式も含めて比較(PHPの===), false: 標準の比較(PHPの==)。デフォルトはtrue(形式も含めて比較)。
inList	値が選択肢配列に含まれるか	選択肢	選択肢の配列
notEmpty	空でないか	なし	

リスト4 形式のバリデータ

```
class Article extends AppModel {
    public $name = 'Article';
    public $validate = array(
        'is_published' => array(
            'rule' => 'boolean',                                    ―❶
        ),
        'url' => array(
            'rule' => 'url',                                        ―❷
        ),
        'tag' => array(
            'rule' => array(                                        ―❸
                'multiple',
                array(
                    'in' => array('Blog', 'Review', 'Kart', 'Program'),
                    'max' => 3,
                    'min' => 1,
                ),
                true
            ),
        ),
        'status' => array(                                          ―❹
            'rule' => array(
                'inList',
                array('open', 'closed'),
            ),
        ),
        'title' => 'notEmpty',                                      ―❺
    );
}
```

▼ リストの説明

❶ 値が真偽値であるかを検証するバリデーション。0, 1, '0', '1', true, false以外の値をエラーとする。

❷ 値がURLであるかを検証するバリデーション。日本語ドメイン（http://日本語.jp形式）はエラーとなるので使用には注意が必要。
❸ 配列の中身がそれぞれキー 'in'で指定された配列に含まれ、その要素数が1～3個であることを検証するバリデーション。
❹ 値が指定された配列に含まれるかを検証するバリデーション。
❺ 値が空でないかを検証するバリデーション。値がfalse, null, 空文字、スペース、タブ、空配列の場合にエラーとする。

■ その他のバリデータ

その他便利なバリデーションとして、以下が用意されています。

バリデータ	内容	パラメータ	
comparison	比較	比較演算子	>, <, >=, <=, ==, !=で指定。意味はPHPでの比較演算子と同じ。
		比較対象	比較対象の値
equalTo	型も含めて同一か（PHPの===と同じ）	なし	
isUnique	テーブル内でユニークか	なし	
custom	正規表現にマッチするか	比較対象正規表現	そのままPHPのpreg_match()関数に渡される。
userDefined	ユーザ定義バリデータ	クラス名	ユーザ定義パラメータのクラス名
		メソッド名	ユーザ定義バリデータのメソッド名
		パラメータ	ユーザ定義バリデータに渡すパラメータ

↓ **リスト5** その他のバリデータ

```
App::uses('UserValidator', 'Vendor');

class Item extends AppModel {
    public $name = 'Item';
    public $validate = array(
        'price' => array(
            'rule' => array('comparison', '>=', 0),    ─────❶
```

```
        ),
        'function' => array(
            'rule' => array('equalTo', 20),                    ❷
        ),
        'email' => array(
            array('rule' => array('isUnique')),                ❸
            array('rule' => array('custom', '/^.+@.+$/')),     ❹
        ),
        'title' => array(
            'rule' => array(                                   ❺
                'userDefined',
                'UserValidator',
                'mbMaxLength'
                100
            ),
        ),
    );
}
```

▼リストの説明

❶ 値が0より大きいかを検証するバリデーション。
❷ 値が20と等しいかを型を含めて検証するバリデーション。
❸ 値がテーブル内でユニークかを検証するバリデーション。
❹ 値が正規表現にマッチするかを検証するバリデーション。
❺ `UserValidator`クラスの`mbLength`メソッドに値とパラメータ100を渡して`true`が返却されるかを検証するバリデーション。バリデータメソッドがモデル内に定義されており、パラメータを必要としない場合`'rule' => 'mbLength'`のように表記することも可能。

リスト5-❺で指定されるユーザ定義バリデータは、以下のように定義します。ここではapp/VendorにUserValidator.phpファイルとして配置することを想定しています。

↓ リスト6 ユーザ定義バリデータ

```php
<?php
class UserValidator {
    public function mbMaxLength($check, $params){
        if (strlen(mb_convert_encoding($check, 'sjis')) > $params){
            return false;
        }

        return true;
    }
}
```

■日本向けシステムで使用しにくいバリデータ

以下のバリデータはCakePHP標準で用意されていますが、日本語環境での使用に難があり使用しにくいバリデータです。

バリデータ	内容	日本語環境での不具合
alphaNumeric	数字またはアルファベットか	ひらがなやカタカナもマッチしてしまう。
email	メールアドレスか	厳密な判断となっておりdocomoで許容している先頭が.のメールアドレスをエラーとしてしまう。
blank	タブ文字、空白文字のみで構成されるか	全角空白をエラーとしてしまう。
cc	クレジットカードNoか	日本独自のクレジットカード発行会社に対応していない。
phone, postal	電話番号, 郵便番号か	日本の電話番号, 郵便番号に対応していない。カスタマイズすれば利用可能。

Recipe 053 バリデーションでエラーになった場合のエラーメッセージを設定する

　バリデーションを実行してエラーになった場合、バリデータの設定としてエラーメッセージを設定することができます。

　このエラーメッセージはモデルのinvalidFields()メソッドやvalidationErrorsプロパティのエラー配列に格納されます。

　エラーメッセージを設定するには、以下のようにバリデーション設定の際にキーとしてmessageを設定します。

リスト1　バリデーションのエラーメッセージ

```
class Article extends AppModel {
    public $name = 'Article';
    public $validate = array(
        'title' => array(
            array(
                'rule' => array('minLength', 10),
                'message' => '10文字以上で入力してください。'  ――❶
            ),
            array(
                'rule' => array('maxLength', 30),
                'message' => '30文字以下で入力してください。'  ――❷
            ),
        ),
    );
}
```

▼リストの説明

❶ minLengthバリデーションがエラーになったときのエラーメッセージ。
❷ maxLengthバリデーションがエラーになったときのエラーメッセージ。

Recipe 054 入力されたユーザ名がすでに使用されているかの検証をする

ユーザ登録時にユーザのIDとしてユーザ名を使用するような場合、ユーザが入力したユーザ名がテーブル内でユニークか（すでに使用されていないか）を検証します。

このようなとき、組み込みバリデータのisUniqueを使用すると、簡単に処理をすることができます。

▼ リスト1 isUniqueバリデータ

```php
class User extends AppModel {
    public $name = 'User';
    public $validate = array(
        'username' => array(                          ①
            'rule' => 'isUnique',
            'message' => 'ユーザ名がすでに使用されています。',
        )
    );
}
```

▼ リストの説明

① 組み込みバリデータのisUniqueを指定。

isUniqueバリデータでは、1つのフィールドに対してしか条件を指定することができません。そのため例えばリスト1の例でusersテーブルが論理削除を採用しているような場合に対応することができません。

このような場合は、userDefinedバリデータを使用して独自のバリデータを定義します。

リスト2 独自のバリデータ

```php
class User extends AppModel {
    public $name = 'User';
    public $validate = array(
        'username' => array(                              ❶
            'name' => 'isUniqueAndActive',
            'message' => 'ユーザ名がすでに使用されています。'
        )
    );

    public function isUniqueAndActive($check){            ❷
        foreach ($check as $key => $value){
            $count = $this->find('count', array(          ❸
                'conditions' => array(
                    $key => $value,
                    'is_active' => true,
                ),
                'recursive' => -1
            ));
            if ($count != 0){ return false; }
        }
        return true;
    }
}
```

リストの説明

❶ モデル内に定義されたisUniqueAndActive()メソッドを使ってバリデーションする。

❷ バリデータメソッドがtrueを返せばバリデーション成功、falseを返せばバリデーションエラーとして扱われる。$checkは配列形式でフィールド名と値が渡される。

❸ 自身のfind()メソッドを使ってレコードの重複を調べる。

Chapter 05 バリデーション（検証）のレシピ

Recipe 055 日本語を考慮した文字数制限の検証をする

「052 CakePHPの組み込みバリデータを使って値を検証する」で紹介したとおり、文字数に関するバリデータがいくつか用意されています。

しかしそれらのバリデータは、全角半角区別せず1文字は1文字として扱うバリデータでした。

近年、PHP処理系、MySQLなどデータベースともに文字コードの取扱がUTF-8で統一され、多くの場合全角半角区別せずの文字数カウントで問題ありません。

一方で表示スペースの問題などで「全角を2文字分、半角を1文字分としたバリデーション」を期待されることもあります。

このような場合は、以下のようにカスタムバリデータを作成することで、その他のバリデーションと同様に対応することが可能です。

リスト1 カスタムバリデータの例

```
class Article extends AppModel {
    public $name = 'Article';
    public $validate = array(
        'title' => array(
            'rule' => array('mbMaxLength', 20),              ──❶
            'message' => '全角換算10文字以内で入力してください'
        ),
    );

    public function mbMaxLength($check, $length){          ──❷
        foreach ($check as $key => $value){
            if (strlen(mb_convert_encoding($value, 'sjis')) > $length){
                return false;
            }
```

```
        }
        return true;
    }
}
```

▼ リストの説明

❶ モデル内に定義されたisUniqueAndActive()メソッドを使ってバリデーションする。

❷ バリデータメソッドがtrueを返せばバリデーション成功、falseを返せばバリデーションエラーとして扱われる。$checkは配列形式でフィールド名と値が渡される。

❸ 自身のfind()メソッドを使ってレコードの重複を調べる。

> **Column コアライブラリ**
>
> CakePHPにはコントローラ、モデル、ビューといった基本機能のほかに、汎用的に利用できるコアライブラリが用意されています。
>
> うまく使うと特に便利なものを、以下にご紹介します。気になるものがあれば使ってみてください。
>
> | クラス名 | 内容 |
> | --- | --- |
> | Sanitize | 文字列を無害化する。 |
> | Folder, File | ファイルやディレクトリを操作する。 |
> | Inflector | 文字列の単数形・複数形変換や大文字・小文字変換を行う。 |
> | **CakePHP2.2以降** Hash | 比較、結合、ソートなど配列に対する高度な処理を行う。 |
> | String | UUIDの生成や複雑な変換など文字列に対する理を行う。 |

Recipe 056 2回入力したメールアドレスが等しいか検証する

メールアドレスを2回入力させ、その2つが同じであるかを検証するにはカスタムバリデータを作成し、以下のようにします。

このカスタムバリデータは、与えられたフィールド名の後ろに'_confirm'を付けたフィールドがデータに存在すれば、その2つが同じであるかを検証します。

リスト1 2回入力したメールアドレスの検証

```
class User extends AppModel {
    public $name = 'User';
    public $validate = array(
        'email' => array(
            'rule' => array('confirm'),　―――――――――――――❶
            'message' => 'メールアドレスが一致しません'
        ),
    );
    public function confirm($check){　―――――――――――――❷
        foreach ($check as $key => $value){
            if ((! isset($this->data[$this->name][$key.'_confirm'])) or
                ($value !== $this->data[$this->name][$key.'_confirm'])){
                return false;
            }
        }
        return true;
    }
}
```

リストの説明

❶ モデル内に定義されたconfirm()メソッドを使う。

❷ バリデーションはバリデータメソッドがtrueを返せば成功、falseを返せばエラーとして扱われる。$checkは配列形式でフィールド名と値が渡される。

❸ 自身のfind()メソッドを使ってレコードの重複を調べる。

Recipe 057 プログラム中でバリデーションを設定・解除する

ピックアップ Model->varidate

通常、バリデーションはモデルのvalidateプロパティに設定します。このプロパティはコントローラなどから設定することも可能です。これを使うとシーンごとに異なるバリデーションを実行することが可能です。

リスト1 プログラム中でのバリデーションの設定・解除

```
$this->User->validate = array(                              ―❶
    'name' => 'notEmpty',
    'email' => array('rule' => array('custom', '/^.+@.+$/')),
);
$this->User->validate['name'] = array(                      ―❷
    'notEmpty'
);
$this->User->validate = array();                            ―❸
```

▼リストの説明

❶ バリデーションを設定する。
❷ フィールドnameに対するバリデーションのみ設定する。
❸ バリデーションを削除する。

Chapter 06
コンポーネントのレシピ

- 058 ログイン・ログアウト処理を行う 150
- 059 ユーザを登録・編集する 152
- 060 一部の画面のみログインを必須にする 154
- 061 ログイン中のユーザの情報を取得する 156
- 062 ユーザがログイン済かを調べる 157
- 063 ログインが必要なURLを直接指定されたときにログイン画面にリダイレクトする 158
- 064 ログイン後に任意のURLに戻る 159
- 065 強制的にログイン状態にする 161
- 066 AuthComponentの動作をカスタマイズする 163
- 067 Cookieに値を設定する 165
- 068 Cookieに値が設定されているかチェックする 167
- 069 Cookieから値を取得する 168
- 070 指定したCookieの値を削除する 169
- 071 Cookieの期限やパスを設定する 170
- 072 セッションに値を設定する 172
- 073 セッションに値が設定されているかチェックする 174
- 074 セッションから値を取得する 175
- 075 指定したセッションの値を削除する 176
- 076 セッションの期限や動作を設定する 177
- 077 CSRF対策を行う 179
- 078 POST以外でリクエストされた時にエラーとする 182
- 079 HTTPS(SSL)以外でリクエストされた時にエラーとする ... 184
- 080 コンポーネントを自作する 186
- 081 コンポーネントからモデルを使用する 188
- 082 コンポーネントから他のコンポーネントを使用する 189

Chapter 06 コンポーネントのレシピ

AuthComponent

Recipe 058 ログイン・ログアウト処理を行う

ピックアップ　`AuthComponent->login()`, `AuthComponent->logout()`

　AuthComponentでは、ユーザ情報は以下のテーブルに格納されていることを前提としています。

　各フィールド名はカスタマイズすることも可能ですが、AuthComponentの動作に十分に慣れるまでは、このフィールド名で使用することをお勧めします。

↓ 表1　users(ユーザ)

フィールド名	型	内容
id	int(11)	テーブルのID
username	varchar(255)	ログインに使用するユーザ名
password	varchar(255)	ログインに使用するパスワード

　このテーブル定義のもと、AuthComponentを使ってログイン・ログアウト処理を実現するには以下のようにします。

　コントローラ名やメソッド名は、以下がAuthComponentの標準です。変更したい場合は、「066 AuthComponentの動作をカスタマイズする」をあわせて参照してください。

↓ リスト1　コントローラ

```
App::uses('AppController', 'Controller');

class UserController extends AppController {
    public $name = 'User';
    public $components = array('Auth');――――――――❶

    public function login(){――――――――――――――――❷
```

```
    if ($this->Auth->login()){                          ─❸
        return $this->redirect($this->Auth->redirectUrl());  ─❹
    } else {
         ログイン失敗時の処理                              ─❺
    }
}

public function logout(){                               ─❻
    $logoutUrl = $this->Auth->logout();                 ─❼
    $this->redirect($logoutUrl);                        ─❽
}
}
```

▼ リストの説明

❶ AuthComponentの使用を宣言する。

❷ ログインフォームから呼び出されるアクション。

❸ AuthComponentのlogin()メソッドを実行してログイン処理を行う。ユーザ名/パスワードはフォームからPOSTされたものが使用される。ユーザ情報が正しい場合login()メソッドの中でセッションへの値の設定が行われ、これ以降のログイン状態が維持される。

❹ ログイン成功時のリダイレクト先をredirectUrl()メソッドから取得しリダイレクトする。CakePHP2.2以前ではredirect()メソッドを使用する。デフォルトでは /(ルート)にリダイレクトされる。

❺ エラーメッセージの表示などログイン失敗時の処理を記述する。

❻ ログアウトリンクなどから呼び出されるアクション。

❼ AuthComponentのlogout()メソッドを実行しログアウト処理を行い、ログアウト完了時にリダイレクトするURLを取得する。logout()メソッドの中でセッションからの値の削除が行われログイン状態が解除される。

❽ ログアウト完了URLにリダイレクトする。

Chapter 06 コンポーネントのレシピ
AuthComponent

Recipe 059 ユーザを登録・編集する

ピックアップ
- CakePHP2.3以前　`AuthComponent->hash()`
- CakePHP2.4以降　`SimplePasswordHasher->hash()`

「058 ログイン・ログアウト処理を行う」でも解説したとおり、AuthComponentで使用するユーザのIDやパスワードは通常usersテーブルに格納しますが、パスワードはそのままの形ではなくハッシュ化された形で保存されていることが期待されます。

新しいユーザを登録したりパスワードの変更などでusersテーブルのパスワードフィールドに値を書き込む場合は、パスワードをハッシュ化する必要があります。

■ CakePHP2.3以前の場合

CakePHP2.3以前では、`AuthComponent`の`hash()`メソッドを使用してパスワードをハッシュ化します。

リスト1 CakePHP2.3以前でのパスワードのハッシュ化

```
$this->User->create();
$this->User->save(array(
    'username' => 'admin',
    'password' => $this->Auth->password('password4admin'), ―❶
));
```

▼リストの説明

❶ `AuthComponent`の`hash()`メソッドを使ってパスワードをハッシュ化する。

■CakePHP2.4以降の場合

　CakePHP2.4以降では、パスワードハッシュ化クラスを使用してパスワードをハッシュ化します。

　ハッシュ化クラスはAuthComponentのオプションとして設定可能で、デフォルトではSimpleHasherクラスのsha256が利用されます。

リスト2 CakePHP2.4以降でのパスワードのハッシュ化

```
$passwordHasher = new SimplePasswordHasher();                    ―❶

$this->User->create();
$this->User->save(array(
    'username' => 'admin',
    'password' => $passwordHasher->hash('password4admin'),       ―❷
));
```

▼リストの説明

❶ AuthComponent標準のSimplePasswordHasherクラスを使用する。
❷ SimplePasswordHasherクラスのhash()メソッドを使用してパスワードをハッシュ化する。

Chapter 06 コンポーネントのレシピ

AuthComponent

Recipe 060 一部の画面のみログインを必須にする

> **ピックアップ** `AuthComponent->allow()`, `AuthComponent->deny()`, `AuthComponent->allowedActions`

　コントローラでAuthComponentの使用を宣言すると、そのコントローラのすべてのアクションに認証が必須になります。

　一部のアクションで認証をしない状態でアクセスさせたい場合、allow()メソッドやallowedActionsプロパティを使ってアクション単位でそれを設定することができます。

　`loginAction`に指定しされたアクションはログイン画面を出すのに必要なため、常に認証なしにアクセスすることができますのでこの設定は不要です。

　allowedActionsプロパティによる設定は、コントローラの使用コンポーネント宣言の中でするのがよいでしょう。

リスト1 allowedActionsプロパティによる設定

```
class UserController extends AppController {
    public $name = 'User';
    public $components = array(
        'Auth' => array(
            'allowedActions' => array('login_form', 'index'),  ──❶
        ),
    );

}
```

▼リストの説明

❶ `login_form()`アクションと`index()`アクションを許可する。

　allow()メソッドを使う場合、どこで設定することも可能なのですが、対

象となるアクションの実行前に設定する必要があるので、コントローラの beforeFilter()メソッド内で指定するのがよいでしょう。

リスト1 allow()メソッドの設定

```
function beforeFilter(){
    parent::beforeFilter();
    $this->Auth->allow('info');                          ①
    $this->Auth->allow('view', 'index');                 ②
    $this->Auth->allow(array('view', 'index'));
}
```

リストの説明

❶ info()アクションを許可する。
❷ どちらもview()とindex()アクションを許可する。

　上記の例は、AuthComponentの設定によってすべてのアクションが禁止された上で一部アクションを許可する設定です。
　一方、その逆ですべてのアクションを許可した上で一部アクションを禁止することも可能です。
　以下はその例です。

リスト2 deny()メソッドの設定

```
function beforeFilter(){
    parent::beforeFilter();
    $this->Auth->allow();                                ①
    $this->Auth->deny('mypage');                         ②
}
```

リストの説明

❶ すべてのアクションを許可する。CakePHP2.0の場合allow('*')と表記する。
❷ mypage()アクションに認証を必要とする。

Recipe 061 ログイン中のユーザの情報を取得する

AuthComponent

> **ピックアップ** `AuthComponent::user()`, `AuthComponent->user()`

AuthComponentを使ってユーザがログイン状態になっている場合、そのユーザの情報を取得するにはAuthComponentのuser()メソッドを使用します。

このメソッドはAuthComponentクラスのインスタンスメソッドとしても、静的メソッドとしてもどちらでも利用可能です。

コントローラなど、すでにインスタンス化されている場所ではインスタンスメソッドとして、他のコンポーネントなどでは静的メソッドとして使用すると使いやすいでしょう。

リスト1 AuthComponentからのユーザ情報取得

```
$user = $this->Auth->user();                ❶
$user = AuthComponent::user();              ❷
```

▼リストの説明

❶ インスタンスメソッドとしての実行。
❷ 静的メソッドとしての実行。

Chapter 06 コンポーネントのレシピ

AuthComponent

Recipe 062 ユーザがログイン済かを調べる

ピックアップ `AuthComponent::user(), AuthComponent->user()`

　ユーザがログイン済みかを調べるにはAuthComponentのuser()メソッドを使用し、その返値がnullかどうかをチェックします。

　「061 ログイン中のユーザの情報を取得する」で解説したとおり、このメソッドはAuthComponentクラスのインスタンスメソッドとしても、静的メソッドとしてもどちらでも利用可能です。

リスト1 ログイン済みかを調べる

```
$logged_in = $this->Auth->user();                    ❶
$logged_in = AuthComponent::user();

if (is_null($logged_in)){                            ❷
    ログインしていない場合の処理
} else {
    ログインしている場合の処理
}
```

▼リストの説明

❶ ログインしているかを調べる。

❷ user()メソッドからはログインしているならユーザ情報配列、ログインしていないならnullが返されるのでnullかを調べる。

Recipe 063 ログインが必要なURLを直接指定されたときにログイン画面にリダイレクトする

AuthComponent

　AuthComponentを使用すると、認証が必要なURLを直接指定されたときにそのリクエストをログイン画面にリダイレクトさせることができます。

　以下の例は、LoginControllerのindex()アクションにリダイレクトさせる設定です。この指定は文字列形式でURLを指定することも、配列形式でコントローラとアクションを指定することもできます。

▼ リスト1 loginActionの指定

```
class ItemController extends AppController {
    public $name = 'Item';
    public $components = array(
        'Auth' => array(
            'loginAction' = '/login/form'              ──❶
            'loginAction' => array(                    ──❷
                'controller' => 'Login',
                'action' => 'form',
            ),
        ),
    );
}
```

▼ リストの説明

❶ URL文字列での指定。「/」から開始すると絶対パスでの指定が可能。
❷ 配列での指定。

Chapter 06 コンポーネントのレシピ

AuthComponent

Recipe 064 ログイン後に任意のURLに戻る

ピックアップ `AuthComponent->redirectUrl()`

「058 ログイン・ログアウト処理を行う」でも解説していますが、AuthComponentの想定する標準的なログインプロセスでは、ログイン完了後に以下のようにログイン完了後ページにリダイレクトします。

リスト1 ログイン完了時の処理

```
return $this->redirect($this->Auth->redirectUrl());
```

このとき、AuthComponentのredirectUrl()メソッドは以下の順番にURLを返します。

1. セッションにURLが保存されていればそのURL
2. AuthComponentの`loginRedirect`プロパティにURLが指定されていればそのURL
3. デフォルトのURL(/)

AuthComponentでは、非ログイン状態でログインが必要なURLがリクエストされた際に、そのURLをセッションに保存した上でログイン画面にリクエストをリダイレクトしています。

この処理のおかげで、「ログインが必要なURLにアクセスしたときにログイン済みでなければログイン画面に転送しログイン完了後にもとのURLに戻る」という動作が実現されています。

ただ、アプリケーションによってはログイン完了時にもとのURLではなく指定したURLに戻りたいという要件もあるでしょう。

そのような場合はAuthComponentのredirectUrl()メソッドを使用して戻り先URLを指定します。redirectUrl()はその内部でセッションに保存された戻り先URLの書き換えを行います。

この指定は文字列形式でURLを指定することも、配列形式でコントローラとアクションを指定することもできます。

リスト2 動的なログイン後リダイレクト先の設定の例

```
public function beforeFilter(){
    parent::beforeFilter();

    $this->Auth->redirectUrl('/mypage/news');                    ❶
    $this->Auth->redirectUrl(array(                              ❷
        'controller' => 'Mypage',
        'action' => 'news',
    ));
}
```

リストの説明

❶ URL文字列での指定。/から開始すると絶対パスでの指定が可能。
❷ 配列での指定。

なお、CakePHP2.2以前ではredirect()メソッドを使用します。
パラメータはCakePHP2.3以降のredirectUrl()メソッドと同じです。

Chapter 06 コンポーネントのレシピ

AuthComponent

Recipe 065 強制的にログイン状態にする

ピックアップ `AuthComponent->login()`

AuthComponentを使用していると、AuthComponentが想定する形式でユーザID/パスワードがPOSTされてきていれば、多くのコードを書くことなくID/パスワードの照合やセッションによるログイン状態の維持などが実現できます。

一方、例えばユーザ登録の直後にログイン状態で画面を表示したい場合などは、直接ID/パスワードがPOSTされてきていません。

そのようなときもlogin()メソッドを使用してユーザを強制的にログイン状態にすることができます。

以下は、データベースから取得したユーザをログイン状態にする例です。

この場合ユーザのID/パスワードの正当性はチェックされませんので、別途そのユーザの正当性は確認する必要があります。

リスト1 login()メソッドによる強制的なログイン

```
$user = $this->User->find(
    'first',
    array(
        'conditions' => array('id' => 1)
    )
);
$this->Auth->login($user['User']);                                    ❶
```

▼リストの説明

❶ ユーザをログイン状態にする。

login()メソッドを利用してユーザをログイン状態にする場合、login()メ

ソッドに渡したパラメータがそのままユーザ情報としてセッションに格納されます。

一方、login()メソッドにパラメータを渡さずフォームからPOSTされたユーザID/パスワードでログインさせる場合も同様にユーザ情報がセッションに格納されます。このとき、ユーザ情報は以下の形式でセッションに格納されています。

リスト2 フォームからのログインでセッションに格納されるユーザ情報

```
array(
    'id' => '1',
    'username' => 'test',
    'created' => '2013-08-17 17:11:03',
    'modified' => '2013-08-17 17:11:03'
)
```

AuthComponentのuser()メソッドでユーザ情報を取得すると、セッションに保存されたユーザ情報を返しますが、その際の形式は、フォームからPOSTされたID/パスワードでログインしたリスト2の形式を想定しています。

そのため、login()メソッドにパラメータを渡して強制的にログイン状態にする場合はリスト1で解説したとおり、login()メソッドにはモデル名を含めない形の配列をパラメータとして渡すのがよいでしょう。

Chapter 06 コンポーネントのレシピ

AuthComponent

Recipe 066 AuthComponentの動作をカスタマイズする

　AuthComponentでは設定なしにログイン・ログアウト処理を作成することができますが、モデルやバリデーション同様その動作をカスタマイズすることもできます。

　以下は、前述の例も含めてよく使うカスタマイズ項目の例です。

リスト2 AuthComponentのオプション指定

```
class UserController extends AppController {
    public $name = 'User';
    public $components = array(
        'Auth' => array(
            'loginAction' => array(                    ——❶
                'controller' => 'User',
                'action' => 'login',
            ),
            'authenticate' => array(                   ——❷
                'Form' => array(                       ——❸
                    'userModel' => 'User',             ——❹
                    'fields' => array(                 ——❺
                        'username' => 'username',
                        'password' => 'password',
                    ),
                )
            ),
            'loginRedirect' => array(                  ——❻
                'controller' => 'User',
                'action' => 'index'
            ),
            'logoutRedirect' => array(                 ——❼
```

```
                'controller' => 'Pages',
                'action' => 'index'
            ),
        ),
    );
}
```

▼ リストの説明

① ログイン画面のURL。認証が必要なURLに非認証状態でログインされた場合にこのURLに転送される。配列形式でコントローラ/アクションを指定することも「/」から始まる文字列形式でURLとして指定することも可能。デフォルトは`UserController`の`login()`アクション。

② 認証方法に関する設定。本書ではフォームでの認証のみを扱うが、それ以外の認証を使用する場合、この配列に認証形式をキーとして設定する。

③ フォーム認証に関する設定。

④ ユーザデータを格納するのに使用するモデル名。デフォルトは`User`。

⑤ ユーザ名/パスワードを保存するフィールドの名前。デフォルトは`username`と`password`。

⑥ ログイン後にリダイレクトされるURL。配列形式でコントローラ/アクションを指定することも「/」から始まる文字列をURLとして指定することも可能。デフォルトは「/」。

⑦ ログアウト後にリダイレクトされるURL。配列形式でコントローラ/アクションを指定することも「/」から始まる文字列をURLとして指定することも可能。デフォルトはloginActionプロパティの値。

Chapter 06 コンポーネントのレシピ

CookieComponent

Recipe 067 Cookieに値を設定する

ピックアップ `CookieComponent->write()`

Cookieに値を設定するにはwrite()メソッドを使用します。

リスト1 write()メソッドの基本的な使用法

```
$this->Cookie->write(
    'key',                                                      ❶
    'value',                                                    ❷
    true,                                                       ❸
    null,                                                       ❹
);
```

リストの説明

❶ Cookieに設定する値のキー。必須。文字列または配列で指定可能。この例は文字列での指定。

❷ Cookieに設定する値。デフォルトはnull。第1パラメータに配列を指定した場合この値は無視される。

❸ Cookieに暗号化した値を保存するか。デフォルトはtrue。

❹ Cookieの有効期限を秒数の数字またはstrtotime()が解釈できる文字列形式で指定する。デフォルトはnull。nullを指定するとブラウザを閉じるまで有効。

リスト2 グループ化したキーの例

```
$this->Cookie->write(
    'Group.key',                                                ❶
    'value',
    true,
    null,
);
```

Chapter 06 コンポーネントのレシピ

▼ リストの説明

❶ . を使ってキーをグループ化することが可能。

↓ リスト3 配列を設定する例

```
$this->Cookie->write(                                    ❻
    'key',
    array('value1', 'value2', 'value3')
    true,
    '5 Days',
);
```

▼ リストの説明

❶ 設定する値は配列でも指定可能。

↓ リスト1 配列を使用したCookieの設定

```
$this->Cookie->write(                                    ❶
    array(
        'key1' => 'value1',
        'key2' => 'value2',
    ),
    null,
    true,
    null
);
```

▼ リストの説明

❶ キーと値を配列で与えることも可能。このとき第2パラメータは無視される。

Chapter 06 コンポーネントのレシピ

CookieComponent

Recipe 068 Cookieに値が設定されているかチェックする

ピックアップ `CookieComponent->check(), CookieComponent->read()`

■ CakePHP2.3以降

CakePHP2.3以降でCookieに値が設定されてるかをチェックするには、check()メソッドを使用します。

check()メソッドはキーが存在し、かつnullでない場合にtrueを返します。

リスト1 CakePHP2.3以降でのCookieの値存在チェック

```
if ($this->Cookie->check('testkey')){
    値が存在した場合の処理
}
```

■ CakePHP2.2以前

CakePHP2.2以前でCookieに値が設定されているかをチェックするには、read()メソッドを使用します。

リスト2 CakePHP2.2以前でのCookieの値存在チェック

```
if (! is_null($this->Cookie->read('testkey'))){
    値が存在した場合の処理
}
```

Chapter 06 コンポーネントのレシピ

CookieComponent

Recipe 069 Cookieから値を取得する

ピックアップ `CookieComponent->read()`

Cookieから値を取得するには、read()メソッドを使用します。値が設定されていない場合、read()メソッドはnullを返します。

リスト1 read()メソッドを使用してのCookieの値の取得

```
$this->Cookie->read('key');                ――❶
$this->Cookie->read('Group.key');          ――❷
$this->Cookie->read('Group');              ――❸
```

▼リストの説明

❶ キーを文字列で指定して値を取得する例。
❷ グループ化されたキーを指定して値を取得する例。
❸ グループのみを指定してarray('キー' => '値')の形で設定内容を取得する例。

リスト2のように設定したCookieをリスト1-❸のように取得すると、リスト3のようになります。

リスト2 グループ化した値の設定

```
$this->Cookie->write('Group.key1', 'value1');
$this->Cookie->write('Group.key2', 'value2');
```

リスト3 グループ化された値の取得

```
array(
    'key1' => 'value1',
    'key2' => 'value2'
)
```

Chapter 06 コンポーネントのレシピ

CookieComponent

Recipe 070 指定したCookieの値を削除する

ピックアップ `CookieComponent->delete(), CookieComponent->destroy()`

Cookieのキーを指定して値を削除するには、delete()メソッドを使用します。

リスト1 キー/グループを指定しての値の削除

```
$this->Cookie->delete('key');                    ―❶
$this->Cookie->delete('Group');                  ―❷
```

リストの説明

❶ 単一のキーを指定しての値の削除。
❷ グループを指定してのグループ全体の値の削除。

すべてのCookieの値を削除するには、destroy()メソッドを使用します。

リスト2 すべての値の削除

```
$this->Cookie->destroy();
```

Recipe 071 CookieComponent

Cookieの期限やパスを設定する

CookieComponentでもその他のコンポーネント同様、コンポーネントの使用宣言部分でその動作をカスタマイズすることができます。

CookieComponentは以下のオプションを持っています。

↓ 表1 CookieComponentのオプション

オプション	デフォルト	意味
name	CakeCookie	Cookieの名前。CakeCookie[キー]=値の形で送信される。
key	Security.saltの設定値	暗号化に使用するキー。
domain	空文字	Cookieのドメイン。空文字を指定するとリクエストしたドメインとして解釈される。
time	5 Days	Cookieの期限。整数で秒数を指定するか文字列で指定する。0を指定するとブラウザ終了時に破棄されるセッションクッキーとして扱われる。文字列はPHPのstrtotime()関数で解釈可能な文字列を指定可能。
path	/	Cookieのパスを文字列で指定する。
secure	false	trueを設定するとhttps接続時のみCookieを送信する。
httpOnly	false	trueを指定するとhttpを通しのみCookieにアクセス可能にする。このCookieはJavaScriptから使用することはできない。

このオプションはコントローラのコンポーネント宣言ですることも可能ですし、コントローラのbeforeFilter()メソッド中などですることも可能です。

071 Cookieの期限やパスを設定する

▼ **リスト1** CookieComponentの設定

```
public $components = array(
    'Cookie' => array(
        'name' => 'CakeCookie',
        'key' => 'jdxtPE6FhNCUL74U7P8NwycYumEj6jw4ufG34tpz',
        'domain' => '',
        'time' => 60 * 60 * 24,
        'path' => '/',
        'secure' => false,
        'httpOnly' => false,
    ),
);
```

▼ **リスト2** コントローラのbeforeFilter()での指定

```
public function beforeFilter(){
    $this->Cookie->name = 'CakeCookieAdmin';
    $this->Cookie->key = 'aj5dAUSmBwtS7HKhmPUitr2JiVphRpiLKiiuDL6R';
    $this->Cookie->domain = '';
    $this->Cookie->time = '2 Days';
    $this->Cookie->path = '/admin/';
    $this->Cookie->secure = true;
    $this->Cookie->httpOnly = false;
}
```

Recipe 072 セッションに値を設定する

SessionComponent

ピックアップ SessionComponent->write()

Sessionに値を設定するには、write()メソッドを使用します。

リスト1 write()メソッドの基本的な使用法

```
$this->Session->write(
    'key',                                                        ①
    'value'                                                       ②
);
```

リストの説明

① セッションに設定する値のキー。必須。文字列または配列で指定可能。この例は文字列での指定。

② セッションに設定する値。デフォルトはnull。第1パラメータに配列を指定した場合この値は無視される。

リスト2 グループ化したキーの例

```
$this->Session->write('Group.key', 'value');                      ①
```

リストの説明

① .を使ってキーをグループ化することが可能。

リスト3 配列を設定する例

```
$this->Session->write(                                            ①
    'key',
    array('value1', 'value2', 'value3')
);
```

リストの説明

❶ 値に配列やオブジェクトを設定することも可能。

リスト2のようにグループ化されたキーを指定する方法は、内部的には配列として扱われます。

そのため、以下のGroup1とGroup2は内部的には同じ形になります。

リスト4 グループ化したキーの実装

```
$this->Session->write('Group1.key1', 'value1');
$this->Session->write('Group1.key2', 'value2');
$this->Session->write(
    'Group2',
    array('key1' => 'value1', 'key2' => 'value2')
);
```

リスト5 配列を使用したCookieの設定

```
$this->Session->write(                                    ❶
    array(
        'key1' => 'value1',
        'key2' => 'value2',
    ),
);
```

リストの説明

❶ キーと値を配列で与えることも可能。このとき第2パラメータは省略可能。指定しても無視される。

Chapter 06 コンポーネントのレシピ

SessionComponent

Recipe 073 セッションに値が設定されているかチェックする

> **ピックアップ** `SessionComponent->check()`

セッションに値が設定されているかをチェックするには、check()メソッドを使用します。

check()メソッドは値が設定されており、かつnullでない場合にtrueを返します。

リスト1 セッションの値存在チェック

```
if ($this->Session->check('testkey')){
    値が存在した場合の処理
}
```

CookieComponentおよびSessionComponentのcheck()メソッドは、内部的にPHPのisset()関数を使用して値のチェックをしています。

そのため値にnullが設定されているケースでもfalseが返されています。

Chapter 06 コンポーネントのレシピ

SessionComponent

Recipe 074 セッションから値を取得する

ピックアップ `SessionComponent->read()`

セッションから値を取得するには、read()メソッドを使用します。値が設定されていない場合、read()メソッドはnullを返します。

リスト1 read()メソッドを使用してのCookieの値の取得

```
$this->Session->read('key');            ――❶
$this->Session->read('Group.key');      ――❷
$this->Session->read('Group');          ――❸
$this->Session->read();                 ――❹
```

▼リストの説明

❶ キーを文字列で指定して値を取得する例。
❷ グループ化されたキーを指定して値を取得する例。
❸ グループのみを指定してarray('キー' => '値')の形で設定内容を取得する例。
❹ 設定されているすべてのセッションを取得する例。

「072 セッションに値を設定する」で解説したとおり、グループ化されたキーによって設定されたセッションと配列が値として設定されたセッションは、内部的には同一になります。これらの方法で値を設定する際は、それらが同一の名前を持たない様に注意してください。

Recipe 075 指定したセッションの値を削除する

SessionComponent

> **ピックアップ** SessionComponent->delete(), SessionComponent->destroy()

セッションのキーを指定して値を削除するには、delete()メソッドを使用します。

↓ リスト1 キーを指定しての値の削除

```
$this->Session->delete('key');              ──❶
$this->Session->delete('Group');            ──❷
```

▼ リストの説明

❶ 単一のキーを指定しての値の削除。
❷ グループを指定してのグループ全体の値の削除。

すべてのセッションの値を削除するには、destroy()メソッドを使用します。

↓ リスト2 すべての値の削除

```
$this->Session->destroy();
```

Chapter 06 コンポーネントのレシピ

SessionComponent

Recipe 076 セッションの期限や動作を設定する

ピックアップ `CakeSession`, `SessionComponent`

セッションの期限や動作の設定は、core.phpで以下のように行います。

↓ リスト1 セッションの設定変更

```
Configure::write('Session.cookie', 'CAKEPHP');  ──❶
```

▼ リストの説明

❶ Session.cookieにCAKEPHPという文字列を設定する。

設定可能なキーとその意味は以下のとおりです。

↓ 表1 セッションの設定

キー	デフォルト値	意味
Session.cookie	CAKEPHP	セッションIDを保存するCookie(セッションCookie)の名前
Session.cookieTimeout	―	セッションCookieの有効期限。単位は分。デフォルトはSession.timeoutの設定値。
Session.timeout	240	セッションの有効期限。単位は分。
Session.checkAgent	true	trueに設定すると、セッション開始時にユーザエージェントをチェックし、前のアクセスとユーザエージェントが異なる場合、セッションを初期化する。
Session.defaults	php	セッションのデフォルト設定名。php, cake, cache, databaseを指定可能。
Session.autoRegenerate	false	trueに設定するとCakeSession::$requestCountdownに設定された回数ごとにセッションIDを変更する。CakeSession::$requestCountdownのデフォルト値は10。

■ セッションハンドラ

CakePHPでは、セッションの取り扱いクラスをセッションハンドラとして指定することができ、以下のような組み込みセッションハンドラを持っています。

デフォルトのセッションハンドラはphpです。上記の設定もこれに対する設定になっています。

表2 CakePHPの組込セッションハンドラ

名前	内容
php	PHPのセッションに値を保存する。core.phpのデフォルト設定。
cake	セッションをファイルとしてapp/tmp/sessionsに保存する。
database	セッションをデータベースに保存する。複数台のWebサーバでセッションを共有するのに有効。詳細は「004 複数台のWebサーバに対応したシステムを構築する」参照。
cache	セッションをCakePHPのCacheに保存する。セッションをCache経由でMemcachedに保存することも可能。詳細は「099 Memcachedを使う」参照。

> **Column**
>
> **SessionHelper**
>
> 本書では紹介していませんが、セッションにはビューからSessionHelperを使ってアクセスすることも可能です。
>
> SessionHelperはcheck()、read()、valid()などメソッドを持ち、SessionComponent同様CakeSessionの同名のメソッドへのラッパとなっています。
>
> SessionHelperはwrite()メソッドを持っていませんので注意してください。
>
> ```
> <?php echo($this->Session->read('key')); ?>
> ```
>
> セッションはコントローラでセットして、すぐにビューから参照することができます。

Chapter 06 コンポーネントのレシピ

SecurityComponent

Recipe 077 CSRF対策を行う

ピックアップ SecurityComponent

SecurityComponentを使用すると、**CSRF (Cross site request forgeries)** の対策を簡単に実施することができます。

SecurityComponentを使用してCSRF対策をするには、以下のようにコントローラでSecurityComponentの使用を宣言します。

リスト1 コントローラ

```php
class ItemController extends AppController{
    public $name = 'Item';

    public $components = array(
        'Security' => array(                            ──❶
            'csrfCheck' => true,                        ──❷
            'csrfExpires' => '+1 hour',                 ──❸
            'csrfUseOnce' => true,                      ──❹
            'csrfLimit' => 100,                         ──❺
            'validatePost' => false,                    ──❻
            'unlockedActions' => array('index'),        ──❼
        ),
    );

    public function beforeFilter(){
        parent::beforeFilter();

        $this->Security->blackHoleCallback = 'blackhole';  ──❽
    }

    public function blackhole($type){                   ──❾
```

```
        if ($type === 'csrf'){
                                                                        ⑩
                CSRFエラー時の処理
        }
    }
}
```

▼リストの説明

❶ SecurityComponentの使用を宣言する。

❷ CSRFチェックを行う。デフォルトはtrueなので設定しなくてもよい。

❸ CSRFトークンの有効期限を設定する。PHPのstrtotime()関数がパース可能な文字列形式で指定。デフォルトは'+30 minutes'。

❹ trueを指定すると、CSRFトークンを1回リクエストごとに変更する。falseを指定するとcsrfExpiresまで変更しない。デフォルトはtrue。

❺ CSRFトークンの保持数を設定する。この数を超えるとトークンは古い順に破棄される。デフォルトは100。

❻ trueを指定すると、フォーム改ざんチェックを行う。デフォルトはtrue。

❼ SecurityComponentでのチェック対象外とするアクション。CakePHP2.3以降で使用可能。

❽ SecurityComponentでセキュリティエラーを検出した際に実行されるブラックホールメソッドの指定。

❾ ブラックホールメソッド。エラーの種別がパラメータとして渡される。

⑩ CSRFエラーの場合、第1パラメータには'csrf'文字列が渡される。

SecurityComponentを使用してCSRF対策をする場合、フォームはFormHelperを使用する必要があります。

↓ リスト2 ビュー

```
<?php
echo($this->Form->create('User'));
echo($this->Form->text('username'));
echo($this->Form->password('password'));
echo($this->Form->text('email'));
echo($this->Form->submit());
```

077 CSRF対策を行う

```
echo($this->Form->end());
```

リスト2のビューは以下のHTMLを生成します(一部属性を省略しています)。

リスト3 生成されたHTML

```
<form action="/path/to/index" method="post">
    <div style="display:none;">
        <input type="hidden" name="_method" value="POST"/>
        <input type="hidden" name="data[_Token][key]" ───────❶
            value="5a1fb68144e1ebec3e32117273b2d4441bec5bf0"
            id="Token1625770021"/>
    </div>
    <input name="data[User][username]" type="text"/>
    <input name="data[User][password]" type="password"/>
    <input name="data[User][email]" type="text"/>
    <div class="submit"><input type="submit" value="Submit"/></div>
    <div style="display:none;"> ───────────────────────────────❶
        <input type="hidden" name="data[_Token][fields]"
            value="cd61ec754d2562ad27e14929b6c8e18dfdbdd952%3A"
            id="TokenFields1707113687"/>
        <input type="hidden" name="data[_Token][unlocked]"
            value=""
            id="TokenUnlocked117583616"/>
    </div>
</form>
```

▼リストの説明

❶ SecurityComponentが出力したチェック用タグ。

Chapter 06 コンポーネントのレシピ

SecurityComponent

Recipe 078 POST以外でリクエストされた時にエラーとする

ピックアップ `SecurityComponent->requirePost(), CakeRequest->is(), CakeRequest->isPost()`

SecurityComponentのrequirePost()メソッドを使用すると、すべてのアクションにPOSTを強制することができます。

リスト1 SecurityComponentでPOSTを強制する例

```php
class ItemController extends AppController{
    public $name = 'Item';
    public $components = array(
        'Security' => array(                                         ──❶
            'csrfCheck' => false,
            'validatePost' => false,
        ),
    );
    public function beforeFilter(){
        parent::beforeFilter();

        $this->Security->requirePost();                              ──❷
        $this->Security->requirePost('index');
        $this->Security->blackHoleCallback = 'blackhole';            ──❸
    }
    public function blackhole($type){                                ──❹
        if ($type === 'post'){                                       ──❺
            // 非POSTエラー時の処理
        }
    }
}
```

078 POST以外でリクエストされた時にエラーとする

▼リストの説明

❶ ここではCSRFチェックとフォーム改ざんチェックをOFFにする。
❷ POSTを強制するアクションを指定する。パラメータなしの場合すべてのアクションにPOSTを強制する。
❸ SecurityComponentでセキュリティエラーを検出した際に実行されるブラックホールメソッドの指定。
❹ ブラックホールメソッド。エラーの種別がパラメータとして渡される。
❺ POST以外でのアクセスによるエラーの場合、第1パラメータには'post'文字列が渡される。

SecurityComponentを使用する方法は、広い範囲に一括でPOSTを強制する場合に有効です。

一方、1つだけのアクションでPOSTを強制する場合や、POSTであるかだけを調べればよい場合には、CakeRequestオブジェクトのis()メソッドやisPost()メソッドを使用することもできます。

▼リスト2 is()やisPost()メソッドの利用

```
class ItemController extends AppController{
    public $name = 'Item';
    public function index(){
        if (! $this->request->is('post')){         ──❶
        }
        if (! $this->request->isPost()){           ──❷
        }
    }
}
```

▼リストの説明

❶ is()メソッドを使用する例。
❷ isPost()メソッドを使用する例。

Chapter 06 コンポーネントのレシピ

SecurityComponent

Recipe 079 HTTPS(SSL)以外でリクエストされた時にエラーとする

ピックアップ `SecurityComponent->requireSecure(), CakeRequest->is(), CakeRequest->isSSL()`

SecurityComponentのrequireSecure()メソッドを使用すると、すべてのアクションにSSLを強制することができます。

↓ リスト1 SecurityComponentでSSLを強制する例

```
class ItemController extends AppController{
    public $name = 'Item';
    public $components = array(
        'Security' => array(                                         ─❶
            'csrfCheck' => false,
            'validatePost' => false,
        ),
    );
    public function beforeFilter(){
        parent::beforeFilter();

        $this->Security->requireSSL();                               ─┐
        $this->Security->requirePost('ssl');                         ─┴❷

        $this->Security->blackHoleCallback = 'blackhole';            ─❸
    }
    public function blackhole($type){                                ─❹
        if ($type === 'secure'){                                     ─❺
            // 非HTTPSエラー時の処理
        }
    }
}
```

▼リストの説明

① ここではCSRFチェックとフォーム改ざんチェックをOFFにする。
② SSLを強制するアクションを指定する。パラメータなしの場合すべてのアクションにSSLを強制する。
③ SecurityComponentでセキュリティエラーを検出した際に実行されるブラックホールメソッドの指定。
④ ブラックホールメソッド。エラーの種別がパラメータとして渡される。
⑤ POST以外でのアクセスによるエラーの場合、第1パラメータには'secure'文字列が渡される。

SecurityComponentを使用する方法は、広い範囲に一括でSSLを強制する場合に有効です。

一方、1つだけのアクションでSSLを強制する場合や、SSLであるかだけを調べればよい場合には、CakeRequestオブジェクトのis()メソッドやisSSL()メソッドを使用することもできます。

▼リスト2 is()やisSSL()メソッドの利用

```
class ItemController extends AppController{
    public $name = 'Item';
    public function index(){
        if (! $this->request->is('ssl')){              ──①
        }
        if (! $this->request->isSSL()){                ──②
        }
    }
}
```

▼リストの説明

① is()メソッドを使用する例。
② isPost()メソッドを使用する例。

Chapter 06 コンポーネントのレシピ

Recipe 080 コンポーネントを自作する

　CakePHPでは標準で便利なコンポーネントが多数用意されていますが、自作することもできます。

　コンポーネントを自作する場合、'Component'付きのコンポーネント名でファイルを作成し、app/Controller/Componentに配置します。

リスト1 app/Controller/Component/HomeBrewComponent.php

```php
App::uses('Component', 'Controller');

class HomeBrewComponent extends Component {
    protected $_action = null;
    public $request;

    public function initialize(Controller $controller){         ――❶
    }

    public function startup(Controller $controller){            ――❷
        $this->request = $controller->request;                  ――❸
        $this->_action = $this->request->params['action'];
    }

    public function beforeRender(Controller $controller){       ――❹
    }

    public function shutdown(Controller $controller){           ――❺
    }

    public function beforeRedirect(Controller $controller, $url,
        $status = null, $exit = true){                          ――❻
```

```
        return '/redirect';                              ──❼
        return array(                                    ──❽
            'url' => '/redirect',
            'status' => $status,
            'exit' => $exit,
        );
    }

    public function multiply($param1, $param2) {        ──❾
        return $param1 * $param2;
    }
}
```

▼リストの説明

❶ コントローラのbeforeFileter()の前に実行される。

❷ コントローラのbeforeFilter()の後、アクションの前に実行される。

❸ パラメータで渡されるコントローラ経由でCakeRequestオブジェクトにアクセス可能。

❹ コントローラのbeforeRender()の前に実行される。

❺ コントローラのafterRender()の後に実行される。

❻ コントローラのredirect()メソッドが実行される際に、その前に実行される。第2～第4パラメータの内容はコントローラのbeforeRedirect()と同じ。文字列または配列形式でURLを返すことが可能。このメソッドでfalseを返すとコントローラはリダイレクトを中止する。

❼ 文字列形式のリダイレクト先。

❽ 配列形式のリダイレクト先。

❾ コンポーネントの独自メソッド。

Recipe 081 コンポーネントからモデルを使用する

コンポーネントからモデルを使用するには以下のようにします。

リスト1 コンポーネントからモデルを使用する

```php
App::uses('Component', 'Controller');

class HomeBrewComponent extends Component {
    public $Item;

    public function startup(Controller $controller){
        $this->Item = ClassRegistry::init('Item');         ——❶
    }

    public function MyMethod(){
        $items = $this->Item->find('all');                  ——❷
    }
}
```

▼ リストの説明

❶ Itemモデルを$this->Itemに格納する。
❷ コントローラと同様にItemモデルを利用可能。

Recipe 082 コンポーネントから他のコンポーネントを使用する

コンポーネントから他のコンポーネントを使用するには以下のようにします。これは、`HomeBrewComponent`から`UtilComponent`を使用する例です。

リスト1 コンポーネントからコンポーネントを使用する

```php
App::uses('Component', 'Controller');

App::uses('ComponentCollection', 'Controller');
App::uses('UtilComponent', 'Controller/Component');                ―❶

class HomeBrewComponent extends Component {
    public $Util;

    public function startup(Controller $controller){
        $collection = new ComponentCollection();
        $this->Util = new UtilComponent($collection);              ―❷
    }

    public function MyMethod(){
        $this->Util->method();                                     ―❸
    }
}
```

リストの説明

❶ Utilコンポーネントを読み込む。
❷ Utilコンポーネントのインスタンスを$this->Utilに格納する。
❸ コントローラと同様にUtilコンポーネントを利用可能。

Chapter 06 コンポーネントのレシピ

> **Column** **CakePHPのグローバル関数**
>
> CakePHPではグローバルスコープで定義された関数が存在します。以下はCakePHPのグローバル関数のうち、Webアプリ開発の中で便利に使うことができるものです。
>
> | 関数名 | 内容 |
> | --- | --- |
> | am($array1, $array2, $array3) | 配列をマージする。 |
> | debug($var, $showHtml, $showFrom) | $varの内容を整形した形で出力する。$showHtmlにfalseを指定するとテキストのみで出力する。$showFromをfalseに指定するとdebug()が実行されたファイル名と行番号を出力しない。 |
> | env() | 環境変数の値を取得する。指定した値が直接取得できない場合環境変数以外のソースからの取得を試みる。 |
> | h() | htmlspecialchars()関数のラッパ。 |
> | pr() | print_r()関数の出力を<pre>タグで囲って出力するラッパ。 |
> | sortByKey($array, $sortby, $order, $type) | $arrayの内容を$sortbyで指定したキーでソートする。ソート順を$orderにasc/descで指定可能。内部的にasort(), rsort()関数を使用しており$typeはその第2パラメータに渡される。 |

Chapter 07

ヘルパーのレシピ

- 083 ヘッダ用のHTMLタグを生成する 192
- 084 画像タグを生成する 196
- 085 リンクタグを生成する 198
- 086 パンくずリストを表示する 201
- 087 フォームの開始・終了タグを生成する 204
- 088 フォームの部品を生成する 207
- 089 送信ボタンを生成する 217
- 090 hiddenタグを生成する 218
- 091 指定したフィールドにエラーがあるかを調べる 219
- 092 エラーメッセージを表示する 220
- 093 ラジオボタンを整列して表示する 222
- 094 AJAX（非同期通信）でSELECTの中身を書き換える .. 224
- 095 tableタグの中にフォームの部品を表示する 226
- 096 一覧のページ分けをする 228
- 097 ヘルパーを自作する 234

Chapter 07 ヘルパーのレシピ

Recipe 083 ヘッダ用のHTMLタグを生成する
HtmlHelper

> **ピックアップ** `HtmlHelper->charset()`, `HtmlHelper->css()`, `HtmlHelper->meta()`

HtmlHelperはHTMLタグを出力するヘルパーですが、画像やリンクのようなHTMLのbody内要素のためのタグだけでなく、head内要素のためのタグを出力するメソッドも持っています。

■ エンコーディング指定

```
public function charset($charset = null){}
```

charset()メソッドは、HTMLのエンコーディングを指定するmetaタグを出力します。

パラメータとしてエンコーディング名をとり、省略すると`App.encoding`に設定された文字列を小文字化したものが使用されます。

core.phpで設定されている`App.encoding`のデフォルト値はUTF-8です。

↓ リスト1 HtmlHelper->charset()の例

```
<head>
    <?php
        echo($this->Html->charset());
    ?>
</head>
```

↓ リスト2 HtmlHelper->charset()によって出力されるHTML

```
<meta http-equiv="Content-Type" content="text/html; charset=utf-8" />
```

083 ヘッダ用のHTMLタグを生成する

■ CSS読み込み

```
public function css(
    mixed $path,
    string $rel = null,
    array $options = array()
){}
```

css()メソッドはCSSファイルを読み込むlinkタグを出力します。

表1 css()のパラメータ

名称	内容
$path	読み込むCSSファイル。文字列でhttp://やhttps://から始まるURL、/から始まる絶対パス、/以外の文字から始まる相対パスで指定可能。絶対パス、相対パスで指定した場合で末尾に.cssが付与されていない場合は自動的に.cssが付与される。相対パスの基準ディレクトリは/app/webroot/css/。また、これらの文字列を含む配列として複数のCSSファイルをまとめて指定することも可能。
$rel	linkタグのrel属性の指定。省略するかnullを指定するとstylesheetが設定される。
$options	linkタグに付与する追加の属性名を配列のキー、値を配列の値とした配列。 **CakePHP2.1以降** キー 'inline'にfalseを指定するとlinkタグはcssブロックに追加される。

リスト3 HtmlHelper->css()の例

```
<head>
    <?php
        echo($this->Html->css('http//example.com/style.css'));  ──①
        echo($this->Html->css('style.css'));  ──②
        echo($this->Html->css('/style'));  ──③
        echo($this->Html->css(array('reset', 'common')));  ──④
    ?>
</head>
```

▼リストの説明

❶ ホスト名を含むURLでの指定。
❷ ファイル名のみの指定。app/webroot/cssから読み込むURLとして出力される。
❸ フルパスでの指定。URLでの指定以外では末尾に.cssがない場合補完される。
❹ 配列での指定。この場合linkタグが2つ出力される。

リスト4 HtmlHelper->css()によって出力されるHTML

```
<head>
<link rel="stylesheet" type="text/css" href="http://example.com/style.css" />
<link rel="stylesheet" type="text/css" href="/css/style.css" />
<link rel="stylesheet" type="text/css" href="/style.css" />
<link rel="stylesheet" type="text/css" href="/css/reset.css" />
<link rel="stylesheet" type="text/css" href="/css/common.css" />
</head>
```

■ metaタグの出力

```
public function meta($type, $url = null, $options = array()){}
```

meta()メソッドはmetaタグを出力します。

meta()メソッドは3つのパラメータを持ち、3つめのパラメータ$optionsはcss()メソッド同様、metaタグに付与する追加の属性を配列形式で記述します。CakePHP2.1以降の場合、この配列のキー 'inline' にfalseを指定するとmetaタグはmetaブロックに追加されます。

リスト5 HtmlHelper->meta()の例

```
<head>
    <?php
```

```
        echo($this->Html->meta('keywords', 'キーワード'));
        echo($this->Html->meta('description', '説明文'));
        echo($this->Html->meta(array(
            'name' => 'robots',
            'content' => 'noindex',
        )));
    ?>
</head>
```

リスト6 リスト5のHtmlHelper->meta()によって出力されるHTML

```
<head>
    <meta name="keywords" content="キーワード" />
    <meta name="description" content="説明文" />
    <meta name="robots" content="noindex" />
</head>
```

なお、第2パラメータにURLを与えてそのURLにリンクするmetaタグを出力することも可能です。詳細はCakePHPドキュメントを参照してください。

Chapter 07 ヘルパーのレシピ

HtmlHelper

Recipe 084 画像タグを生成する

ピックアップ `HtmlHelper->image()`

image()メソッドは画像を表示するimgタグを出力します。

image()メソッドは2つのパラメータを持ち、1つめのパラメータで表示する画像ファイル、2つめのパラメータで追加の属性を指定します。

■ シンプルなimgタグ

画像ファイルはhttp://やhttps://から始まるURL、/から始まる絶対パス、/以外の文字から始まる相対パスで指定できます。

相対パスで指定した場合、app/webroot/img/を基準とするパスとして解釈されます。

リスト1 シンプルなimgタグを出力する例

```
echo($this->Html->image('logo.png', array('alt' => 'CakePHP')));
```

リスト2 出力されるシンプルなimgタグ

```
<img src="/img/logo.png" alt="CakePHP" />
```

■ リンク付きのimgタグ

リンク付きの(aタグに囲われた)imgタグを出力するには以下のようにします。

リンク先の指定は配列でコントローラ/アクションを指定することも、文字列でURL、絶対パス、相対パスとして指定することも可能です。相対パスで指定した場合、現在処理されているコントローラを基準とするパスとして解釈されます。

リスト3 リンク付きのimgタグを出力する例

```
echo($this->Html->image('logo.png', array(
    'alt' => 'CakePHP',
    'url' => array('controller' => 'pages', 'action' => 'top'),
)));
```

リスト4 出力されるHTML

```
<a href="/pages/top"><img src="/img/logo.png" alt="CakePHP" /></a>
```

■CakePHP2.1以降:ホスト名を含むURLで表記されたimgタグ

　CakePHP2.1以降では、絶対パスまたは相対パスの指定でhttp / httpsから始まるURL形式のimgタグを出力することができます。

　http / httpsは現在のリクエストによって自動的に選択されます。

リスト5 URL表記のimgタグを出力する例

```
echo($this->Html->image('logo.png', array(
    'alt' => 'CakePHP',
    'fullBase' => true,
)));
```

リスト6 出力されるURL表記のimgタグ

```
<img src="https://example.com/img/logo.png" alt="CakePHP" />
```

Chapter 07 ヘルパーのレシピ

HtmlHelper

Recipe 085 リンクタグを生成する

> ピックアップ `HtmlHelper->link()`

link()メソッドはHTMLのaタグを出力します。

```
public function link(
    $title,
    $url = null,
    $options = array(),
    $confirmMessage = false
){}
```

表1 link()メソッドのパラメータ

名称	内容
$title	リンクのテキスト。HTMLエスケープされた上で出力される。
$url	リンク先のURL。文字列でhttp://やhttps://から始まるURL、/から始まる絶対パス、/以外の文字から始まる相対パスで指定可能。
$options	aタグへの追加属性。キー escapeの値にfalseを設定すると$titleに対するHTMLエスケープを行わない。
$confirmMessage	confirm()ダイアログに表示する文字列。

■ シンプルなaタグ

link()メソッドの一番シンプルな形は、$titleと$urlのみを指定するというものです。

リスト1 シンプルなaタグを出力させる例

```
echo($this->Html->link('> absolute url', '/item/a001'));    ――❶
echo($this->Html->link(                                     ――❷
```

```
    '> external url',
    'http://example.com',
    array('_target' => '_blank'),                    ——❸
));
echo($this->Html->link('> array', array(            ——❹
    'controller' => 'pages',
    'action' => 'top',
)));
```

▼ リストの説明

❶ 絶対パスでの指定。
❷ URLでの指定。
❸ aタグの追加要素の指定。
❹ 配列での指定。

↓ リスト2 出力されるシンプルなaタグ

```
<a href="/item/a001">&gt; absolute url</a>
<a href="http://example.com" _target="_blank">&gt; external url</a>
<a href="/pages/top">&gt; array</a>
```

■ 確認ダイアログの表示

$confirmMessageパラメータに文字列を指定すると、リンククリック時にJavaScriptのconfirm()で確認ダイアログを表示し、[OK]ボタンが押された場合のみリンク遷移するaタグが出力されます。

↓ リスト3 確認ダイアログ付きaタグを表示する例

```
echo($this->Html->link(
    '> confirm',
    '/',
    array(),
    'トップにページに戻ります。よろしいですか？'
```

Chapter 07 ヘルパーのレシピ

```
));
```

リスト4 出力される確認ダイアログ付きaタグ

```
<a href="/" onclick="return confirm(&#039;トップにページに戻ります。
よろしいですか？&#039;);">&gt; confirm</a>
```

■ HTMLエスケープをしないaタグ

link()メソッドではリンクのテキストをHTMLエスケープした上で出力します。

この動作はリンクのテキストとして画像などを渡したい場合に都合が悪いのですが、以下のようにするとHTMLエスケープしないリンクテキストを出力することができます。

リスト5 HTMLエスケープをしないでaタグを表示する例

```
echo($this->Html->link(
    $this->Html->image('logo.png'),
    '/',
    array('escape' => false)                                    ❶
));
```

▼ リストの説明

❶ リンクテキストをHTMLエスケープしない指定。

リスト6 出力される非HTMLエスケープaタグ

```
<a href="/"><img src="/img/logo.png" alt="" /></a>
```

なお、リンク付き画像を出力するにはリスト5のようにlink()メソッドを使うのではなく、img()メソッドを使用するのがシンプルでお勧めです。

詳細は「084 画像タグを生成する」を参照してください。

Chapter 07 ヘルパーのレシピ

Recipe 086 【HtmlHelper】パンくずリストを表示する

> **ピックアップ** `HtmlHelper->getCrumbs(), HtmlHelper->addCrumb(), HtmlHelper->getCrumbList()`

HtmlHelperには**パンくずリスト**の表示をサポートするいくつかのメソッドが用意されています。

```
public function addCrumb($name, $link = null, $options = null){}
```

要素をHtmlHelperの内部に追加します。追加した要素はgetCrumbList()やgetCrumbs()メソッドでパンくずリストとして表示することができます。

表1 addCrumb()メソッドのパラメータ

名称	内容
$name	パンくずリストとして表示する文字列。表示時には自動でHTMLエスケープされる。
$link	リンク先。文字列でhttp://やhttps://から始まるURL、/から始まる絶対パス、/以外の文字から始まる相対パスで指定可能。
$options	aタグへの追加属性。キー escapeの値にfalseを設定すると$nameに対するHTMLエスケープを行わない。

以下はパンくずリストの要素追加の例です。

リスト1 パンくずリストの要素追加

```
$this->Html->addCrumb('設定', '/configs');
$this->Html->addCrumb('ユーザー', '/configs/users');
$this->Html->addCrumb('Admin', '/configs/users/admin');
```

```
public function getCrumbList($options = array(), $startText = false){}
```

addCrumb()メソッドで追加された要素をHTMLの<ul>, <li>形式で出力します。

表2 getCrumbList()メソッドのパラメータ

名称	内容
$options	表3参照。表3以外のキーを指定すると、そのままulタグに追加の属性として出力される。
CakePHP2.1以降 $startText	文字列または配列で1階層目の要素を指定。文字列を指定した場合/へのリンクが1階層目となる。配列を指定した場合、キー urlとtextでリンク先と表示する文字列を指定可能。

表3 getCrumbList()メソッドの$options

キー	内容
separator	各要素の間に出力される文字列を指定。文字列はそのまま出力されるので>などを指定する場合はHTMLエスケープをする必要がある。
firstClass	最初のliタグに付与するclass。
lastClass	最後のliタグに付与するclass。

リスト1の要素追加の後に以下を実行すると、リスト3のようにHTMLが出力されます。

リスト2 getCrumbList()メソッドの例

```
echo($this->Html->getCrumbList(array(
    'separator' => '&gt;',
    'firstClass' => 'first',
    'lastClass' => 'last'),
    'Top'
));
```

リスト3 getCrumbList()メソッドから出力されたHTML

```
<ul>
    <li class="first"><a href="/">Top</a>&gt;</li>
    <li><a href="/configs">設定</a>&gt;</li>
```

```
    <li><a href="/configs/users">ユーザー </a>&gt;</li>
    <li class="last"><a href="/configs/users/admin">Admin</a></li>
</ul>
```

```
public function getCrumbs($separator = '&raquo;', $startText = false){}
```

addCrumb()メソッドで追加された要素を一連のHTML形式で出力します。

表4 getCrumb()メソッドのパラメータ

名称	内容
$separator	各要素の間に出力される文字列を指定。文字列はそのまま出力されるので>などを指定する場合はHTMLエスケープをする必要がある。
$startText	パンくずリストの1つめの階層を指定。省略すると出力されない。 **CakePHP2.0** 文字列で指定。リンク先は固定で/となる。 **CakePHP2.1以降** 文字列または配列で指定。文字列を指定した場合リンク先は固定で/となる。配列を指定した場合、キーurlとtextでリンク先と表示する文字列を指定可能。

リスト1の要素追加の後に以下を実行するとリスト5のようにHTMLが出力されます。

リスト3と違い、一連のHTMLとして出力されています。

リスト4 getCrumb()メソッドの例

```
echo($this->Html->getCrumbs('&gt;', array('text' => 'Top', 'url' => '/')));
```

リスト5 getCrumb()メソッドから出力されたHTML

```
<a href="/">Top</a>&gt;
<a href="/configs">設定</a>&gt;
<a href="/configs/users">ユーザー </a>&gt;
<a href="/configs/users/admin">Admin</a>
```

Chapter 07 ヘルパーのレシピ

FormHelper

Recipe 087 フォームの開始・終了タグを生成する

> ピックアップ　FormHelper->create(), FormHelper->end()

　フォームの開始・終了タグを生成するにはcreate(), end()メソッドを使用します。

　FormHelperの各メソッドを使うにあたって、ビューテンプレート内にフォームの開始・終了タグを手で記述することも可能ですが、SecurityComponentのCSRF対策などcreate(), end()メソッドの使用が前提になっている機能もありますので、特別な理由がない限りはcreate(), end()メソッドを使ってフォームの開始・終了タグを出力するとよいでしょう。

■ フォーム開始タグの生成

```
public function create($model = null, $options = array()){}
```

　フォーム開始タグを生成します。

▼ 表1　create()メソッドのパラメータ

名称	内容
$model	フォーム中でデフォルトとなるモデル名。省略するとコントローラと同名のモデル。モデルに対応しないフォームを作成したい場合はfalseを指定する。
$options	表2参照。表2以外のキーを指定するとそのままformタグに追加の属性として出力される。

087 フォームの開始・終了タグを生成する

表2 create()メソッドの$options

名称	内容
type	post, get, fileが指定可能。post, getを指定するとformタグのmethod要素に反映される。fileを指定するとmethod要素にはpostが設定され、ファイルアップロード用にenctype要素が追加される。
url	formタグのaction要素に反映される。省略すると現在のURLがそのまま使用される。

■ フォーム終了タグの生成

```
public function end($options = null){}
```

フォーム終了タグを生成します。

$optionsに文字列を指定するとフォーム終了タグの前に送信ボタンを表示します。

$optionsは配列で指定することも可能です。その場合、キー'label'の内容が送信ボタンに表示される文字列になり、それ以外の要素はsubmit()メソッドの第2パラメータ($options)にそのまま渡されます。

submit()メソッドについては「089 送信ボタンを生成する」を参照してください。

create(), end()メソッドの標準的な利用方法は以下のとおりです。

リスト1 create(), end()メソッドの使用例

```
echo($this->Form->create('User', array(
    'type' => 'file',
    'url' => '/user/profile'
)));

echo($this->Form->end(
    array(
        'label' => 'Upload',
```

```
            'div' => array(
                'class' => 'submit-block',
            )
        )
));
```

このとき以下のHTMLが出力されます。

リスト2 create(), end()メソッドから生成されるHTML

```
<form action="/user/form" id="UserFormForm" method="post"
                                          accept-charset="utf-8">
    <div style="display:none;">
        <input type="hidden" name="_method" value="POST"/>
    </div>
    <div class="submit-block">
        <input  type="submit" value="Upload"/>
    </div>
</form>
```

Chapter 07 ヘルパーのレシピ

Recipe 088 FormHelper フォームの部品を生成する

ピックアップ

```
FormHelper->text(), FormHelper->password(),
FormHelper->checkbox(), FormHelper->radio(),
FormHelper->select(), FormHelper->textarea(),
FormHelper->file(), FormHelper->label()
```

FormHelperにはフォームの部品を生成するメソッドが用意されています。

このメソッドを使用すると、バリデーションエラー時にユーザの入力を画面に残す機能や、既存レコードの編集画面を表示するときに既存レコードの値を規定値として表示する機能などを、少ないコード量で実現することができます。

FormHelperは、CakePHPを使用した際に従来のプログラミングと比べてもっとも工数削減、品質向上に良い影響を与える要素の1つです。

以下に各フォーム部品の生成メソッドを解説しますが、多くのメソッドで表1のパラメータを共通して持っています。

↓ 表1 共通パラメータ

名前	内容
$fieldName	フィールド名。「モデル名.フィールド名」の形で指定する。モデル名を省略するとcreate()メソッドで指定したモデル名が使用される。フォームからPOSTされた値をコントローラで参照する際に$this->request->data['モデル名']['フィールド名']の形で参照可能。
$options	フォーム部品タグへの追加属性。

なお、FormHelperでは個別の部品を出力するメソッドの他に、複数のフォーム部品の生成に対応したinput()メソッドも用意されています。

■ テキストボックス

```
public function text($fieldName, $options = array()){}
public function password($fieldName, $options = array()){}
```

テキストボックスを生成するにはtext(), password()メソッドを使用します。$fieldName, $optionsの内容は表1を参照してください。

$optionsでは、キーとしてlabelも指定可能です。labelを設定すると<label>タグに指定された文字列を出力します。falseを指定するとlabelタグを出力しません。

text()はHTMLの<input type='text'>、password()はHTMLの<input type='password'>に対応します。

リスト1 text()メソッドの例

```
echo($this->Form->text('User.name', array(
    'size' => 30,
    'class' => 'text-field'
)));
```

リスト2 text()メソッドから出力されたHTML

```
<input name="data[User][name]" size="30" class="text-field" type="text" id="UserName"/>
```

■ チェックボックス

```
public function checkbox($fieldName, $options = array()){}
```

チェックボックスを生成するにはcheckbox()メソッドを使用します。$fieldNameの内容は表1のとおりです。

088 フォームの部品を生成する

　HTMLのチェックボックスは通常チェックされるとパラメータとして値が渡され、チェックされないと値が渡されません。

　checkbox()メソッドを使用すると、自動で対応するhiddenタグが生成されチェックされない状態でもパラメータとして値が渡されますので、コントローラ側でそのままモデルに渡して保存することができます。

リスト3 checkbox()メソッドの例

```
echo($this->Form->checkbox('User.is_active'));
```

リスト4 checkbox()メソッドから出力されたHTML

```
<input type="hidden" name="data[User][is_active]" id="UserIsActive_" value="0"/>
<input type="checkbox" name="data[User][is_active]" value="1" id="UserIsActive"/>
```

　checkbox()メソッドの$optionsには表1の内容に加えて以下のキーを設定することができます。その他のキーはそのままinputタグの属性として追加されます。

表2 checkbox()メソッドの$options

名称	内容
checked	trueを指定するとチェック状態でチェックボックスを表示する。デフォルトはfalse。
default	チェックボックスのデフォルト状態をtrue / falseで指定する。POSTされた値がある場合はその値が優先される。
disabled	trueを指定すると非活性状態でチェックボックスを表示する。デフォルトはfalse。
hiddenField	falseを指定するとhiddenタグを生成しない。デフォルトはtrue。
label	falseを指定するとlabelタグを出力しない。
value	チェックした場合の値を指定する。デフォルトは1。

ラジオボタン

```
public function radio($fieldName, $options = array(), $attributes = array()){}
```

ラジオボタンを生成するにはradio()メソッドを使用します。

$fieldNameの内容は表1のとおりです。

$optionsにはラジオボタンの選択肢を配列で指定します。配列はキーに選択された場合の値、値に表示する文字列を指定します。

↓ リスト5 radio()メソッドの$optionsの例

```
$options = array('M' => '男性', 'F' => '女性');
```

radio()メソッドは一連のラジオボタンをまとめて出力します。その動作をコントロールするため、多くのオプションを$attributesで指定可能です。また、これ以外のキーを指定すると、生成されるすべてのinputタグへ属性として追加されます。

↓ 表3 radio()メソッドの$attributes

名称	内容
between	legend開始タグと1つめのラジオボタンの間に出力される文字列。
disabled	trueを指定すると非活性状態でラジオボタンを表示する。デフォルトはfalse。
empty	文字列を指定すると指定した文字列をラベルとし、値を空文字とした要素を先頭に出力する。
hiddenField	falseを指定するとhiddenタグを生成しない。デフォルトはtrue。
label	falseを指定するとlabelタグを出力しない。
legend	出力されるlegendタグのtitle要素。省略するとフィールド名を出力。falseを指定するとlegendタグを出力しない。
separator	ラジオボタンの間に出力するセパレータ。HTMLを指定することも可能。
value	選択されているラジオボタンを指定。POSTされた値があってもこの値が優先される。

088 フォームの部品を生成する

　HTMLのラジオボタンは、通常何らかの選択肢が選択されるとパラメータとして値が渡され、選択されないと値が渡されません。
　radio()メソッドを使用すると自動で対応するhiddenタグが生成され、チェックされない状態でもパラメータとして値が渡されますので、コントーラ側でそのままモデルに渡して保存することができます。

↓ リスト6　radio()メソッドの例

```
echo($this->Form->radio('User.job',
    array('1' => '会社員', '2' => '会社役員', '3' => 'アルバイト', '4' => '主婦'),
    array(
        'separator' => ', ',
        'between' => '<div>選択してください。</div>',
        'legend' => 'お仕事',
        'label' => true,
        'hiddenField' => true,
        'disabledd' => false,
        'empty' => '無回答',
    )
));
```

↓ リスト7　radio()メソッドから出力されたHTML

```
<fieldset>
    <legend>お仕事</legend>
    <div>選択してください。</div>

    <input type="hidden" name="data[User][gender]" id="UserGender_" value=""/>

    <input type="radio" name="data[User][gender]" id="UserGender" value="" />
    <label for="UserGender">無回答</label>,
```

```
    <input type="radio" name="data[User][gender]" id="UserGender1" value="1" />
    <label for="UserGender1">会社員</label>,
    
    <input type="radio" name="data[User][gender]" id="UserGender4" value="4" />
    <label for="UserGender4">主婦</label>
</fieldset>
```

■ セレクトボックス

```
public function select($fieldName, $options = array(), $attributes = array()){}
```

セレクトボックスを生成するにはselect()メソッドを使用します。

$fieldNameの内容は表1のとおりです。

$optionsにはセレクトボックスの選択肢を配列で指定します。配列はキーに選択された場合の値、値に表示する文字列を指定します。文字列は自動的にHTMLエスケープされます。

↓ リスト5 select()メソッドの例

```
echo($this->Form->select('User.prefecture',
    array('1' => '北海道', '2' => '青森県', '13' => '東京都')
));
```

↓ リスト6 select()メソッドから出力されたHTML

```
<select name="data[User][prefecture]" id="UserPrefecture">
    <option value=""></option>
    <option value="1">北海道</option>
    <option value="2">青森県</option>
    <option value="13">東京都</option>
```

```
</select>
```

$options には多次元配列を指定することも可能です。多次元配列を指定した場合、$attributes パラメータで showParents を true に設定すると、セレクトボックスに見出し列を表示することができます。

リスト7 多次元の$optionsの例

```
echo($this->Form->select('User.prefecture',
    array(
        '北海道' => array('1' => '北海道', ),
        '東北' => array('2' => '青森県', ),
    ),
    array('showParents' => true)
));
```

リスト8 多次元の$optionsを指定して出力されたHTML

```
<select name="data[User][prefecture]" id="UserPrefecture">
    <option value=""></option>
    <optgroup label="北海道">
        <option value="1">北海道</option>
    </optgroup>
    <optgroup label="東北">
        <option value="2">青森県</option>
    </optgroup>
</select>
```

select()メソッドでは、その動作をコントロールするためのオプションを$attributesで指定可能です。また、これ以外のキーを指定すると生成されるselectタグへ属性として追加されます。

表3 select()メソッドの$attributes

名称	内容
class	文字列を指定するとselectタグにclassとして出力される。
CakePHP2.3以降 disabled	trueを指定すると非活性状態でラジオボタンを表示する。デフォルトはfalse。
empty	文字列を指定すると指定した文字列をラベルとし、値を"(空文字)とした要素を先頭に出力する。
escape	falseを指定すると$optionsの要素をHTMLエスケープしない。デフォルトはtrue。
multiple	trueを指定すると複数選択可能なセレクトボックスを出力する。コントローラーからは配列として参照可能。
showParents	$optionsを多次元配列で指定した上でtrueを指定すると見出し列を表示する。
value	選択されているラジオボタンを指定。POSTされた値があってもこの値が優先される。

■ テキストエリア

```
public function textarea($fieldName, $options = array()){}
```

　複数行入力が可能なテキストエリアを生成するにはtextarea()メソッドを使用します。

　$fieldNameの内容は表1のとおりです。

　textarea()メソッドの$optionsには表1の内容に加えて以下を設定することができます。その他のキーはそのままtextareaタグの属性として追加されます。

表4 textarea()メソッドの$options

名称	内容
escape	falseを指定すると内容をHTMLエスケープしない。デフォルトはtrue。
value	テキストエリアの値を設定する。POSTされた値があってもこの値が優先される。

088 フォームの部品を生成する

リスト9 textarea()メソッドの例

```
echo($this->Form->textarea('Post.body',
    array('cols' => 80, 'rows' => 10)
));
```

リスト10 textarea()メソッドから出力されたHTML

```
<textarea name="data[Post][body]" cols="80" rows="10" id="PostBody">
</textarea>
```

■ファイルアップロード

```
public function file($fieldName, $options = array()){}
```

ファイルアップロード用の参照ボタンを生成するには、file()メソッドを使用します。

$fieldName, $optionsの内容は表1のとおりです。

file()メソッドを使用する場合は、create()メソッドの$optionsでtypeをfileと指定してください。

リスト11 file()メソッドの例

```
echo($this->Form->create('File', array('type' => 'file')));
echo($this->Form->input(
    'file',
    array('type' => 'file', 'label' => 'ファイル' )
));
echo($this->Form->end());
```

リスト12 file()メソッドから出力されたHTML

```
<form action="/file/upload" id="FileUploadForm"
```

```
    enctype="multipart/form-data" method="post" accept-charset="utf-8">
    <div style="display:none;">
        <input type="hidden" name="_method" value="POST"/>
    </div>
    <div class="input file">
        <label for="FileFile">ファイル</label>
        <input type="file" name="data[File][file]" id="FileFile"/>
    </div>
</form>
```

コントローラでの処理については「009 ファイルをアップロードする」を参照してください。

■ ラベル

```
public function label($fieldName = null, $text = null, $options = array()){}
```

フォームの部品に対してラベルを表示するにはlabel()メソッドを使用します。

$fieldName, $optionsの内容は表1のとおりです。

$textには表示する文字列を設定します。

↓ リスト13 label()メソッドの例

```
echo($this->Form->label('User.name', 'ユーザ名'));
echo($this->Form->text('User.name'));
```

↓ リスト14 label()メソッドから出力されたHTML

```
<label for="UserName">ユーザ名</label>
<input name="data[User][name]" type="text" id="UserName"/>
```

Chapter 07 ヘルパーのレシピ

FormHelper

Recipe 089 送信ボタンを生成する

ピックアップ `FormHelper->submit()`

```
public function submit($caption = null, $options = array()){}
```

送信ボタンを生成するにはsubmit()メソッドを使用します。

$captionオプションは文字列またはhttp:// や https:// から始まるURL、/から始まる絶対パス、/以外の文字から始まる相対パスで表現した画像で指定可能です。

通常submit()メソッドで生成される送信ボタンはdivタグで囲われて生成されますが、$optionsのdivキーにfalseを指定するとdivタグで囲われずに出力されます。$optionsにdiv以外のキーを指定すると、そのまま送信ボタンのinputタグに追加の属性として出力されます。

リスト1 submit()メソッドの例

```
echo($this->Form->submit('保存'));
echo($this->Form->submit('submit.png'));
```

リスト2 submit()メソッドから出力されたHTML

```
<div class="submit"><input type="submit" value="保存"/></div>
<div class="submit"><input type="image" src="/img/submit.png" /></div>
```

Recipe 090 hiddenタグを生成する

FormHelper

ピックアップ `FormHelper->hidden()`

```
public function hidden($fieldName, $options = array()){}
```

HTMLのhiddenタグを生成するにはhidden()メソッドを使用します。

$fieldNameにはフィールド名を「モデル名.フィールド名」の形で指定します。モデル名を省略するとcreate()メソッドで指定したモデル名が使用されます。

生成されたhiddenタグからPOSTされた値をコントローラで参照する際は、$this->request->data['モデル名']['フィールド名']の形で参照可能です。

$optionsに指定されたキーと値は、そのままhiddenタグに追加の属性として出力されます。

生成されるhiddenタグのvalue属性は通常自動的に設定されますが、$optionsからvalueキーとして指定することも可能です。

リスト1 hidden()メソッドの例

```
echo($this->Form->hidden('User.id'));
echo($this->Form->hidden('User.age', array('value' => 20)));
```

リスト2 hidden()メソッドから出力されたHTML

```
<input type="hidden" name="data[User][id]" id="UserId"/>
<input type="hidden" name="data[User][age]" value="20" id="UserAge"/>
```

Chapter 07 ヘルパーのレシピ

FormHelper

Recipe 091 指定したフィールドにエラーがあるかを調べる

ピックアップ　`FormHelper->isFieldError()`

```
public function isFieldError($field){}
```

isFieldError()メソッドを使用すると、モデルのバリデーションでエラーが発生しているかを調べることができます。

リスト1 isFieldError()メソッドの例

```
<div<?php if ($this->Form->isFieldError('User.name')){ ?> class='error'
<?php } ?>
<?php echo($this->Form->text('User.name')); ?>
</div>
```

isFieldError()メソッドは、リスト1の例のように指定したフィールドにエラーが発生しているかだけを調べたい場合に使用します。

エラーメッセージを表示したい場合は、「092 エラーメッセージを取得する」で解説するerror()メソッドを使用します。

Recipe 092 エラーメッセージを表示する

FormHelper

ピックアップ FormHelper->error()

```
public function error($field, $text = null, $options = array()){}
```

モデルのバリデーションでエラーが発生しているときに、error()メソッドを使用してエラーメッセージを表示することができます。

error()メソッドのパラメータは以下のとおりです。

表1 error()メソッドのパラメータ

名前	内容
$fieldName	フィールド名。「モデル名.フィールド名」の形で指定する。モデル名を省略すると、create()メソッドで指定したモデル名が使用される。
$text	エラーがあった場合のエラーメッセージ。省略するかnullを指定するとモデルのバリデーションに指定されたエラーメッセージが使用される。
$options	表2参照。表2以外のキーを指定しても無視されます。

表2 error()メソッドの$options

名称	内容
escape	falseを指定するとエラーメッセージをHTMLエスケープしない。デフォルトはtrue。
wrap	trueを指定するとエラーメッセージをdivタグで囲って出力する。文字列を指定するとそのタグで囲って出力する。どちらの場合もclassとしてerror-messageが指定される。

リスト1 error()メソッドの例

```
echo($this->Form->error('Article.title', null, array('wrap' =>
'span')));
```

リスト2 error()メソッドから生成されるHTML

```
<span class="error-message">
    <ul>
        <li>形式が正しくありません。</li>
        <li>30文字以下で入力してください。</li>
    </ul>
</span>
```

Column 日付を指定するセレクトボックス

使用頻度がそれほど高くないため本書では紹介していませんが、FormHelperには日時を指定するセレクトボックスを生成するメソッドも用意されています。

メソッド	生成するコントロール
year()	「年」を指定するセレクトボックス
month()	「月」を指定するセレクトボックス
day()	「日」を指定するセレクトボックス
hour()	「時」を指定するセレクトボックス
minute()	「分」を指定するセレクトボックス

パラメータなど詳細についてはCookbookを参照してください。

Cookbook 2.x HtmlHelper
http://book.cakephp.org/2.0/ja/core-libraries/helpers/html.html

Chapter 07 ヘルパーのレシピ

FormHelper

Recipe 093 ラジオボタンを整列して表示する

> ピックアップ　`FormHelper->radio()`

　ラジオボタンを生成するradio()メソッドは多くのパラメータを持ち、柔軟なカスタマイズが可能です。

　しかし、ラジオボタンをラベルと一緒に整列して表示したいような場合、ラジオボタンとラベルを囲むタグをCSSで整列させたいところですが、そのようなタグが生成されないため簡単には整列させることはできません。

　FormHelperは内部的にHtmlHelperを使用してinputタグを生成していますが、HtmlHelperは出力するタグをカスタマイズすることができます。

　以下はHtmlHelperの設定を変更することで、ラジオボタンとラベルをdivタグで囲む例です。

　リスト1のような設定ファイルをapp/Config/tags.phpに用意します。

> リスト1　タグ設定ファイル

```php
<?php
$config = array(
    'tags' => array(
        'radio' => '<div class="myradio"><input type="radio" name="%s" id="%s"%s />%s</div>',
    ),
);
```

　タグの設定ファイルはHtmlHelperのloadConfig()メソッドで読み込むことができ、読み込んだ以降は設定ファイルの内容に従ってタグが出力されます。

リスト2 タグ設定ファイルの読み込み

```
$this->Form->Html->loadConfig('tags.php');
echo($this->Form->radio('User.prefecture',
    array('1' => '北海道', '2' => '青森県', …),
));
```

タグ設定ファイルを読み込んだ結果、以下のようなHTMLが出力されます。
inputタグとlabelタグの外側にdivタグが生成され、それぞれが整列されて表示されます。

リスト3 カスタマイズされたHTMLでの出力

```
<fieldset>
    <legend>Prefecture</legend>
    <input type="hidden" name="data[User][prefecture]"
        id="UserPrefecture_" value=""/>
    <div class="myradio">
        <input type="radio" name="data[User][prefecture]"
            id="UserPrefecture1" value="1" />
        <label for="UserPrefecture1">北海道</label>
    </div>
    <div class="myradio">
        <input type="radio" name="data[User][prefecture]"
            id="UserPrefecture2" value="2" />
        <label for="UserPrefecture2">青森県</label>
    </div>

</fieldset>
```

Chapter 07 ヘルパーのレシピ

FormHelper

Recipe 094 AJAX（非同期通信）でSELECTの中身を書き換える

ピックアップ `FormHelper->select()`

FormHelperのselect()メソッドで生成されたselectタグは、標準でモデル名のidを持ちます。

リスト1 select()メソッドから出力されたHTMLの例

```
<select name="data[User][prefecture]" id="UserPrefecture">
    <option value=""></option>
    <option value="1">北海道</option>
    <option value="2">青森県</option>
      〜
</select>
<select name="data[User][city]" id="UserCity">
</select>
```

AJAX（非同期通信）でSELECTの中身（選択肢）を変更するにはこのIDを使用して行います。

以下の例はAJAXライブラリとしてjQueryを使用してSELECTの中身を変更する例です。

リスト2 jQueryを使用したSELECTの中身の変更

```
<script type="text/javascript" src="http://ajax.googleapis.com/ajax/libs/jquery/1.7.2/jquery.min.js"></script>

<script type="text/javascript">
    $(init);
```

```
    function init(){
        $('#UserPrefecture').change(function(){
            $.getJSON(
                '/ajax/city/' + $(this).val(),
                function(json){
                    $('#UserCity').children().remove();
                    for (var i in json){
                        $('#UserCity').append($('<option>')
                            .html(json[i].name).val(json[i].id));
                    }
                }
            );
        });
    }
</script>
```

/ajax/cityはパラメータとして県IDを受け取り市の一覧をJSON形式で返すAPIです。

リスト3 /ajax/city

```
public function city($prefecture_id){
    $cities = $this->City->find(
        'list',
        array(
            'conditions' => array(
                'City.prefecture_id' => $prefecture_id
            ),
            'fields' => array('City.name'),
        )
    );
    $this->autoRender = false;
    echo(json_encode($));
}
```

Chapter 07 ヘルパーのレシピ

FormHelper

Recipe 095 tableタグの中にフォームの部品を表示する

　FormHelperの各メソッドから出力されるフォーム部品は、標準ではlabelを伴って出力されます。

　そのため、tableタグの中の別のセルにlabelとフォーム部品を別に出力したい場合には、labelの出力を停止した上でlabelタグを個別に出力する必要があります。

　以下は通常labelを伴って出力されるフォーム部品をtableタグの中に表示する例です。

リスト1 フォーム部品をtableタグの中に表示する

```
<table>
    <tr>
        <th>
            <?php echo($this->Form->label('User.name', 'お名前')); ?>
        </th>
        <td>
            <?php echo($this->Form->text('User.name',
                array('label' => false))); ?>
        </td>
    </tr>
    <tr>
        <th>
            <?php echo($this->Form->label('User.gender', '性別')); ?>
        </th>
        <td>
            <?php echo($this->Form->radio('User.gender',
                array('M' => '男性', 'F' => '女性'),
                array('legend' => false))); ?>
        </td>
```

095 tableタグの中にフォームの部品を表示する

```
    </tr>
    <tr>
        <th>
            <?php echo($this->Form->label('User.is_active', '有効')); ?>
        </th>
        <td>
            <?php echo($this->Form->checkbox('User.is_active',
                array('label' => false))); ?>
        </td>
</table>
```

Column: TextHelper

本書では紹介していませんが、CakePHPにはテキストに対する処理をするためのTextHelperが用意されています。

メソッド	内容
autoLink()	メールアドレス、URLをリンク化する。
autoLinkEmails()	メールアドレスをリンク化する。
autoLinkUrls()	URLをリンク化する。
excerpt()	指定した文字列の周りの文字とともに切り出す。
highlight()	指定した文字列を指定したタグで囲む。
stripLinks()	リンクタグを除去する。
truncate()	文字列を切り詰める。

詳細な使用方法はCookbookを参照してください。

Cookbook 2.x TextHelper（英語）

http://book.cakephp.org/2.0/en/core-libraries/helpers/text.html

Chapter 07 ヘルパーのレシピ

PaginatorHelper

Recipe 096 一覧のページ分けをする

> **ピックアップ**
> PaginatorHelper->numbers(), PaginatorHelper->prev(),
> PaginatorHelper->next(), PaginatorHelper->first(),
> PaginatorHelper->last(), PaginatorHelper->counter()

　レコードが多数存在するモデルで1ページに決まった件数を表示し、複数ページを切り替えて表示するという機能(**ページネーション**)は、Webアプリでよく見る機能です。

　CakePHPでは、ページネーションを実現する仕組みとしてPaginatorComponentとPagintorHelperが用意されています。

　PagenatorComponentはリスト1のように使用します。

▼リスト1 PaginatorComponentによるレコードの取得

```php
<?php
App::uses('AppController', 'Controller');

class PaginatorController extends AppController{
    public $name = 'Paginator';
    public $uses = array('Article');

    public function index(){
        $this->paginate = array(                          // ❶
            'Article' => array(                           // ❷
                'page' => 1,                              // ❸
                'limit' => 20,                            // ❹
                'order' => 'Article.created desc'         // ❺
            ),
        );
        $result = $this->paginate('Article');             // ❻
```

```
            $this->set('result', $result);
    }
}
```

▼ リストの説明

❶ `pagenate`プロパティにページネーションの条件を設定する。
❷ `Article`モデルに対する設定。
❸ 1ページ目を取得する。
❹ 1ページあたり20件取得する。
❺ `created`の降順で取得する。
❻ 設定した条件でレコードを取得する。

このようにレコードを取得すると、PaginatorHelperを使用してページ切替リンク(ページャ)を生成することができます。

PaginatorHelperには以下のようなメソッドが用意されています。

■ ソートリンク

```
sort($key, $title = null, $options = array()){}
sortDir($model = null, $options = array()){}
sortKey($model = null, $options = array()){}
```

sort()メソッドはソートキーとソート順を変更するためのリンクを出力します。

$keyでソートキーとして使用するフィールド名、$titleでリンクの表示文字列、$optionsのdirectionキーにascまたはdescを指定することでソート順を指定します。

また、sortDir(), sortKey()メソッドで現在設定されているソートキーとソート順を取得できます。

Chapter 07 ヘルパーのレシピ

■ ページリンク

```
numbers($options = array()){}
```

numbers()メソッドはページリンクを生成します。

$optionsには以下のオプションを指定可能です。

表1　numbers()メソッドの$options

名称	内容
before, after	ページリンクの前後、first / lastの内側に出力する文字列。HTMLエスケープされずそのまま出力される。
model	対象のモデル。
modulus	ページリンクをいくつ表示するか。デフォルトは8。
separator	ページリンクの間に出力する文字列。デフォルトは'｜'。
tag	ページリンクを囲むタグ。デフォルトは'span'。
first, last	最初と最後に何ページ分ページリンクを表示するか。文字列を指定すると先頭、最後のページへのページリンクを指定した文字列でHTMLエスケープして生成する。
ellipsis	first, lastに数字を指定し、総ページ数がmodulusで指定した数より多い場合、表示が省略されるがその際に表示される記号。デフォルトは'...'。
class	各ページリンクを囲むタグに付与されるクラス。
CakePHP2.1以降 currentClass	アクティブなページを囲むクラスに付与されるクラス。
CakePHP2.3以降 currentTag	現在のページを囲むタグ。デフォルトはnull。

リスト2　numbers()メソッドの例

```
<ul>
<?php
echo($this->Paginator->numbers(array(
    'currentClass' => 'pager-active',
    'class'=>'pager',
```

```
    'modulus' => 10,
    'first' => '<<<',
    'last' => '>>>',
    'tag' => 'li',
    'ellipsis' => '…',
)));
?>
</ul>
```

■ 前後のページへのリンク

```
prev($title = '<< Previous', $options = array(), $disabledTitle = null,
$disabledOptions = array())
next($title = 'Next >>', $options = array(), $disabledTitle = null,
$disabledOptions = array())
```

prev(), next()メソッドは現在のページの前後のページへのリンクを生成します。

$optionsには以下のオプションが設定可能です。また、リンクが有効でない場合(前後のページがない場合)には$disabledOptionsが参照されます。

表2 prev(), next()メソッドの$options

名称	内容
tag	ページリンクを囲むタグ。デフォルトは'span'。
escape	falseを指定するとリンク文字列をHTMLエスケープしない。
model	対象のモデル。
CakePHP2.3以降 disabledTag	前後のページがない場合にページリンクを囲むタグ。デフォルトはnull。

■先頭/末尾のページへのリンク

```
first($first = '<< first', $options = array())
last($last = 'last >>', $options = array())
```

first(), last()メソッドは最初, 最後のページへのリンクを生成します。

$first, $lastパラメータにはリンクの文字列または数字を指定します。数字を指定した場合は最初, 最後から指定したページ数分のリンクを作成します。

$optionsには以下のオプションが設定可能です。

表2　first(), last()メソッドの$options

名称	内容
tag	ページリンクを囲むタグ。デフォルトは'span'。
escape	falseを指定するとリンク文字列をHTMLエスケープしない。
after, before	first(), last()で使用可能。リンクの前後に表示する文字列。
model	対象のモデル。
separator	ページリンクの間に出力する文字列。デフォルトは'|'。$first, $lastに数字を指定した場合のみ有効。
ellipsis	first, lastに数字を指定し、総ページ数がmodulusで指定した数より多い場合、表示が省略されるがその際に表示される記号。デフォルトは'...'。$first, $lastに数字を指定した場合のみ有効。

■ページ状態の取得

```
current(string $model = null)
hasNext(string $model = null)
hasPrev(string $model = null)
hasPage(string $model = null, integer $page = 1)
```

PagenatorHelperは、ページ状態を取得するためのいくつかのメソッドを持っています。

表3 ページ状態を取得するためのメソッド

名称	内容
current	現在のページ番号を返す。
hasNext	次のページが存在するかを返す。
hasPrev	前のページが存在するかを返す。
hasPage	$pageで指定したページが存在するかを返す。

■ ページに関する情報

```
counter($format)
```

counter()メソッドはページネーションに関する情報を生成します。

$formatには文字列を指定しますが、以下のキーワードを含めることが可能です。キーワードはページネーションに関する情報に置換されます。

表4 counter()メソッドで使用可能なキーワード

キーワード	内容
{:page}	現在のページ番号。
{:pages}	総ページ数。
{:current}	現在のページに表示しているレコード数。
{:count}	全レコード数。
{:start}	現在のページの先頭レコードが全レコード中の何番目のレコードか。
{:end}	現在のページの最終レコードが全レコード中の何番目のレコードか。

counter()メソッドのもっとも典型的な使い方は以下のとおりです。

リスト3 counter()メソッドの例

```
echo($this->Paginator->counter('ページ {:page} / {:pages}'));
echo($this->Paginator->counter('全{:count}件中 {:start}件目から{:end}件目({:current}件)を表示中'));
```

Recipe 097 ヘルパーを自作する

　CakePHPでは標準で便利なヘルパーが多数用意されていますが、自作することもできます。

　ヘルパーを自作する場合、'Helper'付きのヘルパー名でファイルを作成し、app/View/Helperに配置します。

　自作ヘルパーは必ずHelperクラスまたはAppHelperクラスを継承する必要があります。

リスト1 app/View/Helper/HomeBrewHelper.php

```php
App::uses('AppHelper', 'View/Helper');

class HomeBrewHelper extends AppHelper {
    public function bracket($string){
        return sprintf('(%s)', $string);
    }
}
```

　ヘルパーの$helpersプロパティに名称を指定することで、他のヘルパーを使うことも可能です。

リスト2 他のヘルパーの使用

```php
App::uses('AppHelper', 'View/Helper');
class HomeBrewHelper extends AppHelper {
    public $helpers = array('Html');
    public function bracket_link($title, $url){
        return $this->Html->link(sprintf('(%s)', $title), $url);
    }
}
```

Chapter 08

応用レシピ

- 098 メールを送信する 236
- 099 Memcachedを使う 241
- 100 Facebookで認証しログイン状態にする 245
- 101 Twitterで認証しツイートを読み込む 251
- 102 ビューにSmartyを使う 256

Chapter 08 応用レシピ

Recipe 098 メールを送信する

ピックアップ `CakeEmail`

CakePHPでメールを送信するには、CakePHPの標準クラスの`CakeEmail`クラスを使用します。

■ CakeEmailの設定

メールを送信するためには、Fromメールアドレスやメールサーバなどいくつかの設定が必要になります。

CakeEmailの設定ファイルは、データベース設定と同様にapp/Config配下にemail.php.defaultという名前で存在しています。

このファイルをemail.phpにリネームして以下のように設定します。

▼ リスト1 app/Config/email.php

```php
class EmailConfig {
    public $default = array(
        'transport' => 'Mail',
        'from' => array('you@localhost' => 'you'),         ──①
        'additionalParameters' => '-f sender@localhost',   ──②
        'charset' => 'utf-8',                              ──③
        'headerCharset' => 'utf-8',                        ──④
    );

}
```

▼ リストの説明

① メールのFromメールアドレス。文字列でメールアドレスを指定することも配列でメールアドレスと表示名を指定することも可能。

❷ メールの送信者(EnvelopeFrom)。送信エラー時などはこのメールアドレスにエラーメールが返される。

❸ メール本文の文字コード。コメントアウトをはずす。

❹ メールヘッダの文字コード。コメントアウトをはずす。

この設定はPHPのmail()関数を使用してメールを送信する設定です。別途mail()関数でメールが送信できるように設定しておいてください。

■シンプルなメール送信

設定が完了したら、以下のようにしてメールを送信することができます。

リスト2 CakeEmailクラスによるメール送信

```
App::uses('AppController', 'Controller');
App::uses('CakeEmail', 'Network/Email');

class SendMailController extends AppController {
    public $name = 'SendMail';

    public function send(){
        $email = new CakeEmail('default');          ―❶
        $email->from('from@example.com');           ―❷
        $email->to(array(                           ―❸
            'to@example.com' =>                     ―❹
            '山田太郎'                               ―❺
        ));
        $email->subject('メールサブジェクト');       ―❻
        $email->send('メール本文');                  ―❼
    }
}
```

▼ リストの説明

❶ 設定ファイルのdefaultセクションを参照してCakeEmailクラスのインスタン

スを作成する。
❷ メールのFromを指定する(Enveloper-Fromはemail.phpで指定した`additionalParameters`のものが使用される)。
❸ メールのToを配列または文字列で指定する。配列で指定した場合、複数メールアドレスの指定、表示名の指定が可能。to()メソッドのほか、cc(), bcc()メソッドも使用可能。
❹ メールアドレス。
❺ メールアドレスの表示名。
❻ メールのSubject。
❼ メールの本文を指定し、メールを送信する。

■ メールテンプレートの使用

`CakeEmail`では、メールテンプレートを使うこともできます。

メールテンプレートは、レイアウトと個別のテンプレートから構成されます。

また、HTMLメールとテキストメールで別のレイアウト、テンプレートを持つことができます。

標準のレイアウト (default.ctp)がHTMLメールとテキストメールで存在し、メールテンプレートとしてsignup.ctpが存在する場合、以下のようにファイルを配置します。

↓ リスト3 メールテンプレートの配置

```
app/View/Emails/text/signup.ctp
app/View/Layouts/Emails/text/default.ctp
app/View/Emails/html/signup.ctp
app/View/Layouts/Emails/html/default.ctp
```

メールテンプレートの指定は`template()`メソッドを、テンプレートへの変数の割り当ては`viewVars()`メソッドを使用します。

`helpers()`メソッドを使用すると、メールテンプレート内でヘルパーを使うことも可能です。

リスト4 メールテンプレートの使用

```
$email = new CakeEmail('default');
$email->to('to@example.com');
$email->template('signup', 'default');                    ❶
$email->viewVars(array(                                   ❷
    'name' => '山田太郎',
    'email' => 'to@example.com'
));
$email->emailFormat('both');                              ❸
$email->helpers(array('Html', 'Text'));                   ❹
$email->send('メール本文');                                ❺
```

リストの説明

❶ 第1パラメータでメールテンプレートを、第2パラメータでレイアウトを指定する。

❷ テンプレートに変数を割り当てる。テンプレートからは$name, $emailとして参照可能。

❸ ヘルパーの使用を宣言する。

❹ send()メソッドに与えた文字列はテンプレートで$contentとして参照可能。

CakePHP2.4の標準では、メールテンプレートは以下のようになっています。

リスト5 テキストメールのテンプレート

```
<?php echo $content; ?>
```

リスト6 HTMLメールのテンプレート

```
<!DOCTYPE html PUBLIC "-//W3C//DTD HTML 4.01//EN">
<html>
<head>
    <title><?php echo $title_for_layout; ?></title>
</head>
```

```
<body>
    <?php echo $this->fetch('content'); ?>


    <p>This email was sent using the <a href="http://cakephp.org">
CakePHP Framework</a></p>
</body>
</html>
```

■添付ファイルの送信

添付ファイルを含むメールを作成するには、attachments()メソッドを使用します。

▼リスト7 添付ファイルの送信

```
$email = new CakeEmail('default');
$email->to('to@example.com');
$email->attachments('/path/to/photo.jpg');                    ①
$email->attachments(array(                                    ②
    'photo.jpg' => array(
        'file' => '/path/to/source.jpg',
        'mimetype' => 'image/jpeg',
    ),
));
$email->subject('添付付きメール');
$email->send('添付付きメール本文');
$email->send();
```

▼リストの説明

① 添付ファイルの場所をフルパスで指定する。
② 実ファイルのファイル名と異なるファイル名で添付したい場合には、このように指定。

Recipe 099 Memcachedを使う 〔CakePHP2.1以降〕

ピックアップ: `Cache::read()`, `Cache::write()`, `Cache::delete()`, `Cache::increment()`, `Cache::decrement()`, `Cache::clear()`

CakePHPでは標準で**Memcached**をサポートしており、CakePHPが作成するキャッシュデータやプログラムで作成するキャッシュデータをMemcachedに保存することができます。

CakePHPはPECL::memcachedを経由してMemcachedにアクセスします。以下の設定に先だって、PECL::memcachedがインストールされ利用可能な状態にしておいてください。

CakePHPが作成するキャッシュの設定

CakePHPが作成するキャッシュは、デフォルトの設定ではファイルに保存されます。

このキャッシュをメモリ上に置くために、Memcachedを使用することが可能です。

Memcachedをキャッシュに使用するには、core.phpを以下のように修正します。

リスト1 core.php

```
$engine = 'Memcache';                                              ❶

Cache::config('_cake_core_', array(
    'engine' => $engine,
    'prefix' => $prefix . 'cake_core_',
    'path' => CACHE . 'persistent' . DS,
    'serialize' => ($engine === 'File'),
    'duration' => $duration,
```

```
    'servers' => array('127.0.0.1:11211'),         ──❷
    'persistent' => true,                          ──❸
    'compress' => false,                           ──❹
));

Cache::config('_cake_model_', array(
    'engine' => $engine,
    'prefix' => $prefix . 'cake_model_',
    'path' => CACHE . 'models' . DS,
    'serialize' => ($engine === 'File'),
    'duration' => $duration,
    'servers' => array('127.0.0.1:11211'),      ┐
    'persistent' => true,                       ├─❺
    'compress' => false,                        ┘
));
```

▼リストの説明

❶ デフォルト値のFileをMemcacheに変更する。

❷ MemcachedのIPアドレスとポート。指定しないと127.0.0.1:11211が使用される。

❸ 持続的な接続を使用するか。デフォルトは`true`。

❹ データの圧縮を使用するか。`true`を指定するとデータを圧縮してMemcacheに保存する。デフォルトは`false`。

❺ ❷～❹と同じ設定。

■ セッション情報をMemcachedに保存する

　CakePHP経由で作成されるセッション情報の保存先は標準ではPHPの設定を継承しますが、明示的に指定することでその保存先をCakePHPのキャッシュにすることが可能です。

　これを使うと、Memcachedにセッション情報を保存することが可能です。

　セッション情報の保存先は、app/Config/core.phpでリスト2のように設定されています。

この設定をリスト3のようにすることで、CakePHP経由で作成されるセッション情報をMemcachedに保存することができます。

リスト2 デフォルトのcore.php

```
Configure::write('Session', array(
    'defaults' => 'php'
));
```

リスト3 セッション情報をMemcachedに保存するcore.php設定

```
Configure::write('Session', array(                              ❶
    'defaults' => 'cache',
    'handler' => array(
        'config' => 'session',
    )
));

Cache::config('session', array(                                 ❷
    'engine' => 'Memcache',
    'duration' => 3600,
    'probability' => 100,
    'prefix' => Inflector::slug(APP_DIR) . '_session_',         ❸
));
```

▼リストの説明

❶ セッションにCakePHPのキャッシュを使用し、その際に使用するconfigをsessionに指定する。

❷ セッションアクセス時に使用されるキャッシュ設定。設定項目はリスト1と同様。

❸ memcachedにデータを保存する際のキー名の先頭に付加される文字列。同一memcachedに複数のCakePHPシステムから接続する際に、キーが重複しないように設定する。

■ プログラムからMemcachedにアクセスする

前述のように、CakePHPのCacheクラスはそのデータストレージとしてMemcachedを使用することができます。

Cacheクラスの主要なメソッドとその内容は以下のとおりです。

```
public static function read($key, $config = 'default'){}
public static function write($key, $value, $config = 'default'){}
public static function delete($key, $config = 'default'){}
```

キャッシュから値を、読み込み / 書き込み / 削除します。
$configで設定名を指定することも可能です。

```
public static function increment($key, $offset = 1, $config = 'default'){}
public static function decrement($key, $offset = 1, $config = 'default'){}
```

キー $keyに対応する値に、$offsetで指定した数字を加算 / 減算します。

```
public static function clear($check = false, $config = 'default'){}
```

$configで指定した設定名のキャッシュをすべて削除します。
$checkにtrueを指定すると、有効期限をチェックした上で削除します。

これらのメソッドで使用する$configの設定内容はリスト1、リスト3と同じですが、それらと有効期限などを別に指定したくなることも想定して、別の設定名として通常はcore.phpで定義するのがよいでしょう。

↓ **リスト4** Cacheクラスで使用する設定の例

```
Cache::config('default', array(
    'engine' => 'Memcache',
    'duration' => 3600,
    'probability' => 100,
    'prefix' => Inflector::slug(APP_DIR) . '_cache_',
));
```

Chapter 08 応用レシピ

Recipe 100 Facebookで認証しログイン状態にする

　CakePHPのAuthコンポーネントは認証ロジックが別クラスで実装されており、自作のクラスを認証クラスとして使用することができます。

　ここではAuthコンポーネントの認証クラスを作成し、Facebookで認証する方法を解説します。

■ FacebookAuthenticate.phpの作成

　認証クラスはBaseAuthenticateクラスを継承して作成し、app/Controller/Component/Auth/に配置します。

　Facebook認証のAPIの実行には、Facebookから配布されているFacebook SDK for PHPを使用します。以下のURLからZipファイルをダウンロードし、それを展開した中のfacebook-php-sdk-masterディレクトリの中身をすべてapp/Vendor/facebookに展開してください。

▼ Facebook SDK for PHP

```
https://developers.facebook.com/docs/php/gettingstarted/
```

　以下をapp/Controller/Component/Auth/にFacebookAuthenticate.phpとして保存します。

リスト1 FacebookAuthenticate.php

```php
<?php
App::uses('BaseAuthenticate', 'Controller/Component/Auth');
App::import('Vendor', 'facebook',
    array('file' => 'Facebook/src/facebook.php')
);
```

```
class FacebookAuthenticate extends BaseAuthenticate {
    public $settings = array(
        'fields' => array(
            'fbUserId' => 'fb_user_id',
            'fbToken' => 'fb_token',
        ),
        'userModel' => 'User',
        'fbScope' => 'publish_stream',
    );

    public function authenticate(CakeRequest $request,
                                    CakeResponse $response){         ──❶
        try{
            $facebook = new Facebook(array(                          ──❷
                'appId' => $this->settings['fbAppId'],
                'secret'=> $this->settings['fbAppSecret'],
                'cookie' => true
            ));

            switch ($request->params['action']){
                case 'login':                                        ──❸
                    $login_url = $facebook->getLoginUrl(array(       ──❹
                        'redirect_uri' => $this->settings['fbRedirect'],
                        'scope' => $this->settings['fbScope'],
                    ));
                    $response->header('Location', $login_url);       ──❺
                    $response->send();
                    break;
                case 'callback':                                     ──❻
                    return $this->_fb_update_user(                   ──❼
                        $user_id = $facebook->getUser(),
                        $facebook->getAccessToken()
                    );
                    break;
            }
```

```
        } catch(OAuthException $e){
            debug($e);
        }
    }


    private function _fb_update_user($user_id, $token){                    ❽
        $fields = $this->settings['fields'];
        $model_name = $this->settings['userModel'];


        $model = ClassRegistry::init($model_name);
        $user = $model->find(
            'first',
            array(
                'conditions' => array(
                    $model_name.'.'.$fields['fbUserId'] => $user_id
                ),
                'recursive' => 0
            )
        );


        if (empty($user) || empty($user[$model_name])){
            $model->create();
            $user = array(
                $model_name => array(
                    $fields['fbUserId'] => $user_id,
                    $fields['fbToken'] => $token,
            ));
        } else {
            $user[$model_name][$fields['fbToken']] = $token;
        }
        return $model->save($user);
    }
}
```

Chapter 08 応用レシピ

▼リストの説明

❶ AuthComponentが認証を必要としたタイミングで実行される認証メソッド。
❷ Facebook SDKのインスタンスを作る。
❸ 非ログイン時に実行される。
❹ コールバックURLと取得する権限を指定してFacebook SDKからログイン用のリダイレクト先URLを取得する。
❺ Facebook SDKから取得したログイン用のリダイレクト先URLにリダイレクトする。
❻ Facebook認証後にコールバックされたときに実行される。
❼ データベースのユーザ情報を更新する。
❽ データベースにユーザがあるか確認しあれば更新、なければ新規登録する。

コントローラからはForm認証と同様に使用することができます。
ここではユーザモデルとして以下のテーブルを想定しています。

fb_users

フィールド名	型	内容
id	int(11)	テーブルのID
fb_user_id	varchar(255)	FacebookユーザID
fb_token	varchar(255)	Facebookトークン

↓リスト2 UserController.php

```php
<?php
App::uses('AppController', 'Controller');

class UserController extends AppController {
    public $name = 'User';
    public $components = array('Auth' => array(
        'authenticate' => array(
            'Facebook' => array(
                'fbAppId' => 'YOUR APP ID',         ─┐
                'fbAppSecret' => 'YOUR APP SECRET', ─┘ ❶
```

```
                'fbScope' => 'publish_stream',                    ❷
                'fbRedirect' =>
                    'http://example.com/user/callback/facebook',  ❸
                'userModel' => 'FbUser',                          ❹
                'fields' => array(                                ❺
                    'fbUserId' => 'fb_user_id',
                    'fbToken' => 'fb_token',
                ),
            )
        ),
        'loginAction' => '/user/login',                           ❻
        'loginRedirect' => '/user/index',
        'logoutRedirect' => '/',
));

function beforeFilter(){
    parent::beforeFilter();
    $this->Auth->allow('callback');
}

public function index(){
    $this->set('user', $this->Auth->user());
}

public function login($provider){                                 ❼
    $user = $this->Auth->user();
    if ($user){
        $this->redirect($this->Auth->loginRedirect);
    } else {
        $this->Auth->login();
    }
}

public function callback($provider){
    if ($this->Auth->login()){
```

```
            $this->redirect($this->Auth->redirectUrl());
        }
    }

    public function logout(){
        $this->Auth->logout();
        $this->redirect($this->Auth->logoutRedirect);
    }
}
```

▼ リストの説明

❶ FacebookアプリのアプリIDとシークレットキー。

❷ 取得する権限。半角,区切りの文字列で指定する。

❸ FacebookからリダイレクトされてくるURL。

❹ ユーザモデルとして使用するモデル名。

❺ FacebookユーザID/トークンを格納するのに使用するフィールドの名前。デフォルトはfb_user_idとfb_token。

❻ `AuthComponent`標準設定と同じ。詳細は「066 AuthComponentの動作をカスタマイズする」参照。

❼ Facebookにリダイレクトし認証を実行する。すでにログイン済みの場合はFacebookへのリダイレクトは行わない。

❽ Facebookからコールバックされるアクション。認証が成功しユーザが存在しない場合ユーザが作成される。

Chapter 08 応用レシピ

Recipe 101 Twitterで認証しツイートを読み込む

　Twitterで認証するために多くのオープンソースライブラリが公開されていますが、ここではtwitteroauthライブラリを使用する例を紹介します。

　以下のURLからZipファイルをダウンロードし、それを展開した中のtwitteroauth-master/twitteroauthの中のファイルをapp/Vendorに展開してください。

▼ twitteroauth

```
https://github.com/abraham/twitteroauth
```

　「100 Facebookで認証しログイン状態にする」ではAuthComponentの認証クラスを作成する方法を紹介しました。

　TwitterではFacebook SDKを使うより手順が少し複雑なため、ここではCakePHP側を少しシンプルな実装としています。認証クラスを作る方法でも実装は可能なので、必要に応じて「100 Facebookで認証しログイン状態にする」を参照してください。

　さて、Twitterで認証するコントローラを作成します。

　リスト1の内容でapp/Controller/TwitterController.phpとしてファイルを作成します。

　ここではユーザモデルとして以下のテーブルを想定しています。

tw_users

フィールド名	型	内容
id	int(11)	テーブルのID
tw_user_id	varchar(255)	TwitterユーザID
tw_token	varchar(255)	Twitterアクセストークン
tw_token_secret	varchar(255)	Twitterアクセスシークレット

リスト1 TwitterController.php

```php
<?php
App::import('Vendor', 'twitter', array('file' => 'Twitter/twitteroauth.php'));

class TwitterController extends AppController {
    public $name = 'Twitter';
    public $components = array('Session', 'Auth');
    public $uses = array('TwUser');

    public $consumer_key = 'YOUR CONSUMER KEY';
    public $consumer_secret = 'YOUR CONSUMER SECRET';
    public $twitter_callback_url = 'http://example.com/twitter/callback';

    public function connect(){                                              ─❶
        $connection = new TwitterOAuth(
            $this->consumer_key, $this->consumer_secret);

        $request_token = $connection->getRequestToken(
            $this->twitter_callback_url);
        $oauth_token = $request_token['oauth_token'];
        $this->Session->write('oauth_token', $oauth_token);
        $this->Session->write('oauth_token_secret',
            $request_token['oauth_token_secret']);

        switch ($connection->http_code){
            case 200:
                $url = $connection->getAuthorizeURL($oauth_token);
                $this->redirect($url);
                break;
        }
    }

    public function callback(){                                             ─❷
        $oauth_token = $this->Session->read('oauth_token');
```

```php
$oauth_token_secret = $this->Session->read('oauth_token_secret');

if (isset($this->request->query['oauth_token']) and
    $this->request->query('oauth_token') !== $oauth_token){
    $this->redirect('/oauth/connect');
    exit();
}

$connection = new TwitterOAuth(
    $this->consumer_key, $this->consumer_secret,
    $oauth_token, $oauth_token_secret
);

$oauth_verifier = $this->request->query['oauth_verifier'];
$token = $connection->getAccessToken($oauth_verifier);

$twitter = new TwitterOAuth(                                    ❸
    $this->consumer_key, $this->consumer_secret,
    $token['oauth_token'], $token['oauth_token_secret']
);
$credentials = $twitter->get('account/verify_credentials');     ❹

$user = $this->TwUser->find('first',
    array('conditions' => array(
        'tw_user_id' => $credentials->id_str
    )
));

if (! $user){
    $this->TwUser->create();
    $user = array('TwUser' => array(
        'tw_user_id' => $credentials->id_str
    ));
}
$user['TwUser']['tw_token'] = $token['oauth_token'];
```

```
            $user['TwUser']['tw_token_secret'] = $token['oauth_token_secret'];
            $user = $this->TwUser->save($user);                              ──⑤

            $this->Session->delete('oauth_token');
            $this->Session->delete('oauth_token_secret');

            $this->Auth->login($user);                                       ──⑥
            $this->redirect($this->Auth->redirectUrl());                     ──⑦
        }
    }
```

▼リストの説明

❶ Twitterに接続する際にリクエストされるアクション。トークンを得るためのURLに転送する。

❷ Twitterからのコールバックで実行される。コールバックのパラメータからトークンを得る。

❸ 取得したトークンを使ってTwittetrOAuthオブジェクトのインスタンスを作る。$twitterオブジェクトを使用してTwitter APIの実行が可能。

❹ ユーザ情報を取得する。

❺ データベースに取得したトークンを保存する。

❻ Authコンポーネントをログイン状態にする。

❼ ログイン済みURLにリダイレクトする。

　認証が必要な場所で/twitter/connectにアクセスするとTwitterにリダイレクトされ、認証が得られるとtw_usersテーブルにユーザが存在しなければ作成し、取得したトークンを保存します。

　取得したトークンを使用して、リスト2のようにTwitter のAPIを実行することができます。

　その他のAPIは以下のURLを参照してください。

▼ REST API v1.1 Resources

```
https://dev.twitter.com/docs/api/1.1
```

101 Twitterで認証しツイートを読み込む

リスト2 Twitter APIの実行

```
App::import('Vendor', 'twitter', array('file' => 'Twitter/twitteroauth.
php'));

$user = $this->TwUser->find('first', array(                        ――❶
    'conditions' => array('id' => 1)
));
$twitter = new TwitterOAuth(
    'YOUR COUNSUMER KEY', 'YOUR CONSUMER SECRET',
    $user['TwUser']['tw_token'], $user['TwUser']['tw_token_secret']
);


$status = $twitter->post(                                          ――❷
    'statuses/update',
    arary('status' => 'ツイート本文')
);


$tweets = $twitter->get(                                           ――❸
    'statuses/user_timeline',
    array('screen_name'=> 'tomzoh')
);


$friends = $twitter->get('friends/list');                          ――❹

$followers = $twitter->get('followers/list');                      ――❺
```

リスト･の説明

❶ データベースに保存されたユーザ情報を取得し、`TwitterOAuth`オブジェクトのインスタンスを作成する。

❷ ツイートする。

❸ 指定したユーザのツイートを取得する。ユーザ名は@を含めずに指定する。

❹ フォローしているユーザの一覧を取得する。❸同様にユーザ名の指定が可能。

❺ フォローされているユーザの一覧を取得する。❸同様にユーザ名の指定が可能。

Recipe 102 ビューにSmartyを使う

　CakePHPでは通常、app/View配下に配置されたPHPプログラムのctpファイルをビューファイルとして扱いますが、この処理はクラスとして外だしされており、任意に作成したクラスで置き換えることができます。

　ここでは、この機能を使ってテンプレートエンジンのSmartyをCakePHPのビューとして使う方法を紹介します。

■ cakephp-smartyviewの導入

　SmartyをCakePHPのビューとして使うためのビュークラスとして、ここではcakephp-smartyviewを使用します。

　以下のURLからZipファイルをダウンロードして、cakephp-smartyview-masterディレクトリをapp/Plugin/SmartyViewとして展開してください。

▼ cakephp-smartyview

```
https://github.com/news2u/cakephp-smartyview
```

　続いてレイアウトファイルを作成します。

　以下の内容でapp/View/Layout/default.tplとして保存します。拡張子がctpでないので注意してください。

▼ リスト1 default.tpl

```
<html>
    <head>
        <title>{$title}</title>
    </head>
    <body>
{$content_for_layout}
```

```
    </body>
</html>
```

■ Smartyの使用

ビューとしてSmartyを使用するには、コントローラでSmartyViewプラグインを読み込んだ上でviewClassプロパティにSmartyView.Smartyを指定します。

リスト2 コントローラ

```
<?php
App::uses('AppController', 'Controller');
CakePlugin::load('SmartyView');                          ――❶

class ArticleController extends AppController {
    public $name = 'Article';
    public $viewClass = 'SmartyView.Smarty';              ――❷
    public $uses = array('Article');
    public $helpers = array(                              ――❸
        'SmartyView.SmartyHtml',
        'SmartyView.SmartyForm',
        'SmartyView.SmartySession',
        'SmartyView.SmartyJavascript',
    );

    public function index(){
        $articles = $this->Article->find('all');
        $this->set('articles', $articles);                ――❹
    }
}
```

▼リストの説明

❶ SmartyViewプラグインを読み込む。

❷ `viewClass`を指定する。
❸ SmartyView付属のヘルパの使用宣言。
❹ `set()`メソッドはCakePHP標準と同様に使用可能。

リスト3 ビュー

```
<ul>
{foreach from=$articles item=article}                            ❶
    <li>{$article.Article.title}</li>
{/foreach}
</ul>

{$this->Html->link('label', 'http://www.example.com')}           ❷
```

▼ リストの説明

❶ コントローラからsetした値が参照可能。
❷ ヘルパも使用可能。

Chapter 09
問題発生時の解決レシピ

- 103 プログラムを本番環境にアップしても反映されない 260
- 104 シェルを実行するとファイルパーミッションエラーが発生してしまう 262

Recipe 103 プログラムを本番環境にアップしても反映されない

　CakePHPで作成したプログラムでは、開発環境で作成したプログラムを本番環境にアップロードして動作確認したところ、その一部が反映されないといった問題が発生することがあります。

　これは、CakePHPがパフォーマンス向上のために持っているキャッシュ機構により、古いプログラムがキャッシュとして残っているためです。特にテーブル定義の情報のキャッシュがこの問題をよく引き起こします。

　キャッシュを削除するには、いくつかの方法があります。

デバッグレベルを1以上にする

　core.phpのデバッグレベル設定で、デバッグレベルを1以上にしてシステムを1回実行すると、キャッシュは削除されます。

　その後改めてデバッグレベルを0にすれば、新しいプログラムの内容が反映されます。

キャッシュファイルを削除する

　CakePHPが作成するキャッシュファイルは、通常app/tmp/cache配下に配置されます。

　この中にあるファイルを削除することで、キャッシュを削除することができます。

　キャッシュの削除は、手動でファイルを削除してもよいですが、以下のようなシェルを作成し実行することで、クリアすることもできます。

▼ リスト1 キャッシュクリア用のシェル

```php
<?php
class ClearCacheShell extends AppShell {
```

103 プログラムを本番環境にアップしても反映されない

```
public function main() {
    $configs = Cache::configured();
    foreach ($configs as $config) {
        Cache::clear(false, $config);
    }
    clearCache();
}
}
```

Column: CakePHPのバージョンアップ情報

CakePHPはおおむね1年に1回程度バージョンアップしています。バージョンアップの際の変更点は多岐にわたるのですが、その変更点は公式Webページ、Cookbookの付録に移行ガイド（migration guide）として解説されています。

CakePHPの新しいバージョンを使用する際は、移行ガイドに目を通しておくとよいでしょう。なお、移行ガイドは翻訳が用意されるまでに時間がかかることも多いです。日本語版に情報が見当たらないときは英語版も見てみてください。

Cookbook 2.x（日本語訳）
http://book.cakephp.org/2.0/ja/index.html

Cookbook 2.x（英語）
http://book.cakephp.org/2.0/en/index.html

Recipe 104 シェルを実行するとファイルパーミッションエラーが発生してしまう

シェルを実行した後にブラウザでシステムにアクセスすると、以下のようなWarningが発生することがあります。

```
Warning: SplFileInfo::openFile(/path/to/cake/app/tmp/cache/persistent/
cake_core_cake_console_): failed to open stream: Permission denied in /
path/to/cake/lib/Cake/Cache/Engine/FileEngine.php on line 293
```

これは、キャッシュファイルのパーミッションが適正でないことが原因で、以下のような流れで発生しています。

1. シェルが実行され、キャッシュファイルapp/tmp/cache配下に作成される。シェルがrootユーザで実行されていたため、それらのファイルはrootユーザの所有物となる。
2. ブラウザでシステムにアクセスされた。このアクセスはApacheのユーザとして実行される。このとき1.で作成したファイルを更新(書き込み)しようとするが、rootユーザの所有物のため書き込みができずWarningが発生する。

この現象は、core.phpで以下のようにキャッシュファイル作成時のパーミッションを指定することで、発生しないようにすることができます。

↓ リスト1 キャッシュファイルのパーミッション設定

```
Cache::config('_cake_core_', array(
    'engine' => $engine,
    'prefix' => 'cake_core_',
    'path' => CACHE . 'persistent' . DS,
    'serialize' => ($engine === 'File'),
    'duration' => $duration,
```

```
    'mask' => 0666,                                        ❶
));

Cache::config('_cake_model_', array(
    'engine' => $engine,
    'prefix' => 'cake_model_',
    'path' => CACHE . 'models' . DS,
    'serialize' => ($engine === 'File'),
    'duration' => $duration,
    'mask' => 0666,                                        ❶
));
```

▼ リストの説明

❶ キャッシュ作成時のパーミッションマスクを指定する。

なお、この現象はファイルへの書き込み権限に起因していますので、「099 Memcachedを使う」で解説したようにキャッシュをMemcachedに保存することでも対策とすることができます。

Chapter 09 問題発生時の解決レシピ

> **Column**
>
> ### Scaffolding
>
> CakePHPを使うと、非常に少ないコード量でWebアプリケーションを作成することができます。
>
> さらに、CakePHPが備えるScaffolding機能を使用すると、コードを書くことなくデータベーステーブルに対するデータの一覧、追加、表示、編集、削除の処理を実現することができます。
>
> Scaffolding機能を使用するには、コントローラのプロパティとして$scaffoldを定義します。
>
> **リスト1 Scaffolding機能の使用**
>
> ```php
> <?php
> App::uses('AppController', 'Controller');
>
> class DivisionsController extends AppController {
>     public $name = 'Divisions';
>     public $scaffold;
> }
> ```
>
> リスト1の記述をして/divisionsをブラウザで開くと、divisionsテーブルに格納されたレコードの一覧が表示されます。
> また、/devisions/add, /divisions/view, /divisions/edit, /divisions/deleteというURLが利用可能となり、それぞれレコードの追加、表示、編集、削除が可能になります。
>
> Scaffoldingの各URLで使用されるデフォルトテンプレートはlib/Cake/View/Scaffoldsです。
> テンプレートをカスタマイズしたい場合は、例えばindex.ctpの場合app/View/Scaffolds/index.ctpまたはapp/View/コントローラ名/scaffold.index.ctpにファイルを配置します。前者はシステム全体のテンプレート、後者は特定のコントローラに対するテンプレートです。

Chapter 10

MVCの
サンプルソース集

- 105 会員登録のサンプル 266
- 106 ユーザログインのサンプル 274
- 107 一覧画面のサンプル 278
- 108 確認画面付き編集画面のサンプル 281

Chapter 10 MVCのサンプルソース集

Recipe 105 会員登録のサンプル

　ここでは、CakePHPを使ったシステムで一般的な会員登録のフローを実現するサンプルを解説します。

　会員登録のフローとして以下を想定します。

1. ユーザは入力欄にメールアドレスを入力する。
2. システムは入力されたメールアドレスのバリデーションをする。
3. システムはユーザを仮登録とし、入力されたメールアドレスに本登録用URLを送信する。
4. ユーザはメールで送信されたURLにアクセスしてパスワードを入力し本登録する。
5. 入力項目が適切ならシステムはユーザをログイン状態にしてトップページを表示する。

　データベースのテーブルとして、以下があることを前提とします。

users(ユーザ)

フィールド名	型	内容
id	int(11)	ユーザのID
email	varchar(255)	ログインに使用するメールアドレス
password	varchar(255)	ログインに使用するパスワード
activation_code	varchar(255)	本登録に使用するコード
is_active	tinyint(1)	0: 本登録されていない, 1: 本登録されている

　リスト1～4を所定の場所にファイルとして保存したら、ブラウザで/signup/indexを開くと上記フローの1.の画面を表示します。

リスト1 app/Model/User.php

```php
<?php
App::uses('AppModel', 'Model');

class User extends AppModel {
    public $name = 'User';

    public function isUniqueAndActive($check){                          ──❶
        foreach ($check as $key => $value){
            $count = $this->find('count', array(
                'conditions' => array(
                    $key => $value,
                    'is_active' => true,
                ),
                'recursive' => -1
            ));
            if ($count != 0){ return false; }
        }
        return true;
    }

    public function confirm($check){                                    ──❷
        foreach ($check as $key => $value){
            if (! isset($this->data[$this->name][$key.'_confirm'])){
                return false;
            }
            if ($value !== $this->data[$this->name][$key.'_confirm']){
                return false;
            }
        }
        return true;
    }
}
```

Chapter 10 MVCのサンプルソース集

▼リストの説明

❶ 対象のフィールドがis_activeがtrueなものの中でユニークかをチェックするバリデータ。

❷ 対象のフィールドと対象のフィールド名に_confirmを付けたフィールドが等しいかをチェックするバリデータ。

↓ リスト2 app/Controller/SignupController.php

```php
<?php
App::uses('AppController', 'Controller');
App::uses('CakeEmail', 'Network/Email');

class SignupController extends AppController {
    public $name = 'Signup';
    public $uses = array('User');
    public $components = array('Auth');                              ──❶

    public function beforeFilter(){
        parent::beforeFilter();
        $this->Auth->allow();                                        ──❷
    }

    public function index(){
        if (! $this->request->data){                                 ──❸
            $this->render();
            return;
        }

        $this->User->validate = array(                               ──❹
            'email' => array(
                array(
                    'rule' => 'notEmpty',
                    'message' => 'メールアドレスを入力してください'
                ),
                array(
```

```
                'rule' => array('custom', '/^.+@.+$/'),
                'message' => '形式が正しくありません。',
            ),
            array(
                'rule' => 'confirm',
                'message' => 'メールアドレスが一致していません。',
            ),
            array(
                'rule' => 'isUniqueAndActive',
                'message' => 'すでに使用されています。',
            )
        )
    );
    $this->User->set($this->request->data);
    if (! $this->User->invalidFields()){                                ──⑤
        $email = $this->request->data['User']['email'];
        $activation_code = md5($email.time());

        $user = $this->User->find('first', array(                       ──⑥
            'conditions' => array(
                'email' => $email,
                'is_active' => false
            )
        ));
        if (! $user){
            $this->User->create();
            $user = array('User' => $this->request->data['User']);
        }
        $user['User']['is_active'] = false;
        $user['User']['activation_code'] = $activation_code;
        $this->User->save($user);                                       ──⑦

        $cakeemail = new CakeEmail('default');                          ──⑧
        $cakeemail->to($email);
        $cakeemail->subject('仮登録のお知らせ');
```

```
            $cakeemail->send(sprintf(
                'http://example.com/signup/activate/%s',
                $activation_code
            ));

            $this->render('email_sent');
        }
    }

    public function activate($activation_code){                              ⑨
        $user = $this->User->find(
            'first',
            array(
                'conditions' => array(
                    'activation_code' => $activation_code,
                    'is_active' => false
                )
            )
        );
        if (! $user){ $this->redirect('/signup/index'); }

        if (! $this->request->data){                                         ⑩
            $this->render();
            return;
        }
        $this->User->validate = array(                                       ⑪
            'password' => array(
                array(
                    'rule' => 'notEmpty',
                    'message' => 'パスワードを入力してください。'
                ),
                array(
                    'rule' => array('custom', '/^[a-zA-Z0-9]+$/'),
                    'message' => '半角英数字で入力してください。',
                ),
```

会員登録のサンプル

```
                array(
                    'rule' => 'confirm',
                    'message' => 'パスワードが一致していません。',
                ),
            ),
        );
        $this->User->set($this->request->data);
        if (! $this->User->invalidFields()){                        ― ⑫
            $passwordHasher = new SimplePasswordHasher();
            $user['User']['password'] = $passwordHasher->hash(      ― ⑬
                $this->request->data['User']['password']
            );
            /*
            $user['User']['password'] = $this->Auth->password(      ― ⑭
                $this->request->data['User']['password']
            );
            */
            unset($user['User']['password_confirm']);
            $user['User']['is_active'] = true;

            $this->User->validate = array();                        ― ⑮
            $this->User->save($user);

            $this->Auth->login($user);                              ― ⑯
            $this->redirect($this->Auth->redirectUrl());            ― ⑰
        }
    }
}
```

▼リストの説明

❶ ユーザ登録完了後にログイン状態にするためにAuthコンポーネントを使用する。
❷ このコントローラでは、すべてのアクションが非ログイン状態で実行される。
❸ POSTされていない場合はメールアドレス入力画面を表示する。

❹ メールアドレス入力画面用のバリデーション。

❺ メールアドレスが正しく入力されていればデータベースに仮ユーザを作成しメールを送信する。

❻ 仮登録状態のユーザがすでにいれば、そのレコードを再利用する。

❼ 本登録用のコードをデータベースに保存する。

❽ 本登録用のURLを含めたメールを送信する。

❾ 本登録用のURLを処理するアクション。

❿ POSTされていない場合はパスワード入力画面を表示する。

⓫ パスワード入力画面用のバリデーション。

⓬ パスワードが正しく入力されていればデータベースにパスワードを保存する。

⓭ パスワードをハッシュ化する(CakePHP2.4以降用)。

⓮ パスワードをハッシュ化する(CakePHP2.3以前用)。

⓯ パスワードが暗号化されており確認用パスワードと一致しなくなっているので、バリデーションを解除する。

⓰ ユーザをログイン状態にする。

⓱ ログイン完了URLにリダイレクトする。

リスト3 app/View/index.ctp

```
<?php echo($this->Form->create()); ?>

<div class='email'>
<?php
echo($this->Form->label('User.email', 'メールアドレス: '));
echo($this->Form->text('User.email'));
echo($this->Form->error('User.email'));
?>
</div>

<div class='email-confirm'>
<?php
echo($this->Form->label('User.email_confirm', '確認: '));
echo($this->Form->text('User.email_confirm'));
?>
```

会員登録のサンプル

```
</div>

<?php echo($this->Form->end('送信')); ?>
```

リスト4 app/View/activate.ctp

```
<?php echo($this->Form->create()); ?>
<div class='password'>
<?php
echo($this->Form->label('User.password', 'パスワード: '));
echo($this->Form->text('User.password'));
echo($this->Form->error('User.password'));
?>
</div>

<div class='password-confirm'>
<?php
echo($this->Form->label('User.password_confirm', '確認: '));
echo($this->Form->text('User.password_confirm'));
?>
</div>

<?php echo($this->Form->end('送信')); ?>
```

Chapter 10 MVCのサンプルソース集

Recipe 106 ユーザログインのサンプル

　ここでは、CakePHPを使ったシステムで一般的なログインのフローを実現するサンプルを紹介します。

　ログインのフローとして以下を想定します。

1. ユーザはログインが必要なページにアクセスする。
2. システムはリクエストをログイン画面に転送する。
3. ユーザはメールアドレスとパスワードを入力する。
4. システムは入力を検証し、正当であればログイン状態をセッションに保存して元のページにリダイレクトする。

　データベースのテーブルとして以下があることを前提とします。

users(ユーザ)

フィールド名	型	内容
id	int(11)	テーブルのID
email	varchar(255)	ログインに使用するメールアドレス
password	varchar(255)	ログインに使用するパスワード

　リスト1～3を所定の場所にファイルとして保存したら、ブラウザで/user/indexを開くとログインページに転送されます。
　usersテーブルのレコードは「105 会員登録のサンプル」で作られたレコードが使用可能です。

リスト1 app/Controller/UsersController.php

```php
<?php
App::uses('AppController', 'Controller');

class UsersController extends AppController {
    public $name = 'Users';
    public $uses = array('User');
    public $components = array(
        'Auth' => array(                                              ——❶
            'authenticate' => array(
                'Form' => array(
                    'fields' => array(
                        'username' => 'email',
                        'password' => 'password',
                    ),
                )
            ),
            'loginAction' => '/users/login',
            'loginRedirect' => '/users/index',
            'logoutRedirect' => '/users/login'
        )
    );

    public function index(){
    }

    public function login(){
        $errors = array();
        if ($this->request->data){                                    ——❷
            if ($this->Auth->login()){                                ——❸
                return $this->redirect($this->Auth->redirectUrl());
            } else {
                $errors[] = 'メールアドレスかパスワードが違います。';
            }
```

```
        }
        $this->set('errors', $errors);
    }

    public function logout(){
        $logout_url = $this->Auth->logout();
        $this->redirect($logout_url);                          ——④
    }
}
```

▼ **リストの説明**

❶ `AuthComponent`の設定。詳細は「066 AuthComponentの動作をカスタマイズする」を参照。
❷ POSTされていたらログイン処理をする。
❸ パラメータなしの`login()`メソッドでPOSTデータからログイン妥当性チェック。ログインに失敗したらそのまま login.ctp にエラーメッセージを表示する。
❹ `logout()`メソッドを実行してログアウトし、`logout()`メソッドが返すログアウト後URLにリダイレクトする。

⬇ **リスト2** app/View/Users/index.ctp

```
<h1>マイページ</h1>

<?php
echo($this->Html->link('[ログアウト]', '/users/logout'));
```

⬇ **リスト3** app/View/Users/login.ctp

```
<?php
echo($this->Form->create());
echo($this->Form->label('User.email'));
echo($this->Form->text('User.email'));
echo($this->Form->label('User.password'));
echo($this->Form->password('User.password'));
echo($this->Form->end('ログイン'));
```

```
?>

<?php if (count($errors)){ ?>
<ul>
    <?php foreach ($errors as $error){ ?>
    <li><?php echo($error); ?></li>
    <?php } ?>
</ul>
<?php }
```

> **Column** 組み込みシェル ApiShell
>
> CakePHPには組み込みのシェルがいくつか用意されています。
> その中でも特に便利なのが、CakePHPのマニュアルを表示するApiShellです。
>
> ApiShellは以下のように使用します。第1パラメータにクラスの種別、第2パラメータにクラス名を指定します。
>
> ```
> cake api helper FormHelper
> ```
>
> 第1パラメータにはmodel, behavior, controller, component, view, helperが指定可能です。
>
> ApiShellはCakePHPの配布ファイルに含まれており、インターネットに接続されていない環境でも使うことができるので、緊急時のために覚えておくとよいでしょう。

Chapter 10 MVCのサンプルソース集

Recipe 107 一覧画面のサンプル

以下は、データベースからレコードを検索しページャを伴った一覧表示をするサンプルです。

articlesテーブルは以下の形をしています。

articles（記事）

フィールド名	型	内容
id	int(11)	テーブルのID
title	varchar(255)	記事のタイトル
body	text	記事の本文
is_active	tinyint(1)	0: 無効、1: 有効

リスト1　app/Controller/ArticlesController.php

```php
<?php
App::uses('AppController', 'Controller');

class ArticlesController extends AppController {
    public $name = 'Articles';
    public $uses = array('Article');

    public function index(){
        $conditions = array();

        if ($this->request->data){                                ――❶
            $search = $this->request->data['Search'];

            if ($search['text']){
                $conditions['Article.title like'] =
                    '%'.$search['text'].'%';
```

```
            }
            if ($search['is_active']){
                $conditions['Article.is_active'] = true;
            }
        }

        $this->paginate = array(                                    ――❷
            'Article' => array(
                'limit' => 20,
                'order' => 'Article.created desc',
                'conditions' => $conditions,
            ),
        );

        $articles = $this->paginate('Article');                     ――❸

        $this->set('articles', $articles);
    }
}
```

▼ リストの説明

❶ POSTされている場合、そのデータをもとに検索条件を組み立てる。

❷ 組み立てた条件をページネータに設定する。

❸ テーブルからレコードを取得する。

リスト2 app/View/Articles/index.ctp

```
<?php
echo($this->Form->create('Search'));                                ――❶
echo($this->Form->label('text', 'フリーワード'));
echo($this->Form->text('text'));
echo($this->Form->label('is_active', '有効なもののみ'));
echo($this->Form->checkbox('is_active'));
echo($this->Form->end('検索'))
```

```
?>

<?php
echo($this->Paginator->numbers(array(                    ──────── ❷
    'currentClass' => 'pager-active',
    'class'=>'pager',
    'modulus' => 10,
    'first' => '<<<',
    'last' => '>>>',
    'ellipsis' => '…',
)));
?>

<table>
<?php foreach ($articles as $article){ ?>                ──────── ❸
    <tr>
        <td><?php echo($article['Article']['title']); ?></td>
        <td>
            <?php if ($article['Article']['is_active']){ ?>
                ○
            <?php } ?>
        </td>
    </tr>
<?php } ?>
</table>
```

▼ リストの説明

❶ 検索条件のフォーム。
❷ `PaginatorHelper`を使用したページャの表示。
❸ 選択したレコードの表示。

Recipe 108 確認画面付き編集画面のサンプル

　CakePHPのbakeをはじめ、海外発の設計ではレコード編集機能に確認画面がないことがほとんどです。

　日本国内でも近年は確認画面のないレコード編集機能が増えてきていますが、それでも確認画面が必要になることがままあります。

　リスト1～5は、レコードを編集する際に確認画面を挟む場合のサンプルです。

items（商品）

フィールド名	型	内容
id	int(11)	テーブルのID
name	varchar(255)	商品名
price	int(11)	価格

リスト1 app/Controller/ItemsController.php

```php
<?php
App::uses('AppController', 'Controller');

class ItemsController extends AppController {
    public $name = 'Items';
    public $uses = array('Item');

    public function detail($id){                                    ――❶
        $item = $this->Item->find(
            'first',
            array('conditions' => array('Item.id' => $id))
        );
        if (! $item){ throw new NotFoundException(); }
```

```
        $this->set('item', $item);
    }

    public function edit($id = null){ ────────────────② 
        if ($this->request->data){ ───────────────────③
            $this->request->data['Item']['id'] = $id; ────④

            $this->Item->set($this->request->data);
            if (! $this->Item->validates()){ ─────────────⑤
                $this->render('edit');
            } else {
                switch($this->request->data['System']['action']){ ─⑥
                    case 'confirm': ─────────────────⑦
                        $this->render('confirm');
                        break;
                    case 'save': ────────────────────⑧
                        if ($this->Item->save()){
                            $this->redirect('/items/detail/'.$id);
                        }
                        break;
                }
            }
        } else { ─────────────────────────────────⑨
            $item = $this->Item->find(
                'first',
                array('conditions' => array('Item.id' => $id))
            );
            if (! $item){ throw new NotFoundException(); }

            $this->request->data['Item'] = $item['Item'];
        }
    }
}
```

▼ リストの説明

❶ 商品情報表示画面。
❷ 編集画面表示。パラメータで商品IDを受け取る。
❸ 値がPOSTされている場合の処理。
❹ 商品IDはPOSTに入ってこないためURLから取り出す。
❺ バリデーションエラーがあれば編集画面を再度表示する。
❻ バリデーションエラーがなければ、フォームからの値によって確認画面を表示するかデータを保存するかで処理を分岐する。
❼ 編集画面で'確認'ボタンを押したときの処理。
❽ 確認画面で'保存'ボタンを押したときの処理。
❾ 値がPOSTされていなければデータベースから商品情報を取得する。

リスト2 app/Model/Item.php

```php
<?php
class Item extends AppModel{
    var $name = 'Item';
    var $validate = array(
        'name' => array(
            array(
                'rule' => 'notEmpty',
                'message' => 'nameは必須です。'
            )
        ),
        'price' => array(
            array(
                'rule' => array('naturalNumber', true),
                'message' => 'priceは整数で入力してください。'
            ),
        ),
    );
}
```

リスト3 app/View/Items/detail.ctp

```
<table>
    <tr>
        <th>id</th>
        <td><?php echo($item['Item']['id']); ?></td>
    </tr>
    <tr>
        <th>name</th>
        <td><?php echo($item['Item']['name']); ?></td>
    </tr>
    <tr>
        <th>price</th>
        <td><?php echo($item['Item']['price']); ?></td>
    </tr>
</table>

<?php
echo($this->Html->link('[編集]', '/items/edit/'.$item['Item']['id']));
```

リスト4 app/View/Items/edit.ctp

```
<?php echo($this->Form->create('Item')); ?>
<table>
    <tr>
        <th>id</th>
        <td><?php echo($this->request->data['Item']['id']); ?></td>
    </tr>
    <tr>
        <th>name</th>
        <td>
            <?php
            echo($this->Form->text('name'));
            echo($this->Form->error('name'));
            ?>
```

```
            </td>
        </tr>
        <tr>
            <th>price</th>
            <td>
                <?php
                echo($this->Form->text('price'));
                echo($this->Form->error('price'));
                ?>
            </td>
        </tr>
</table>
<?php
echo($this->Form->hidden(  ─────────────────────────────── ❶
    'System.action',
    array('value' => 'confirm')
));
echo($this->Form->end('確認'));
```

▼ リストの説明

❶ System.actionの値でコントローラ側で処理を分岐する。

↓ リスト5　app/View/Items/confirm.ctp

```
<table>
    <tr>
        <th>id</th>
        <td><?php echo($this->request->data['Item']['id']); ?></td>
    </tr>
    <tr>
        <th>name</th>
        <td><?php echo($this->request->data['Item']['name']); ?></td>
    </tr>
    <tr>
        <th>price</th>
```

```
        <td><?php echo($this->request->data['Item']['price']); ?></td>
    </tr>
</table>

<?php
echo($this->Form->create('Item'));                              ——❶
echo($this->Form->hidden(                                       ——❷
    'System.action',
    array('value' => 'save')
));
echo($this->Form->hidden('id'));
echo($this->Form->hidden('name'));
echo($this->Form->hidden('price'));
echo($this->Form->end('保存'));
```

▼リストの説明

❶ 確認画面ではフォームの値をhiddenタグですべて記述する。

❷ System.actionの値でコントローラ側で処理を分岐する。

Chapter 11

1.x→2.x 移行のレシピ

- 109 CakePHP1.3への移行 288
- 110 CakePHP2.0への移行の概要 291
- 111 UpgradeShellによる移行 294
- 112 CakePHP2.0 ～ 2.4の移行 297

Chapter 11　1.x → 2.x 移行のレシピ

Recipe 109　CakePHP1.3への移行

CakePHP1.xからCakePHP2.xへの移行のためには、公式に移行用のシェルが用意されています。

このシェルは1.3から2.xへの移行を前提としており、移行元のシステムが1.2の場合は、これに加えて1.2→1.3の移行作業を行う必要があります。

この移行作業そのものはシェルによる移行の後でもよいのですが、ここでその概要を解説します。

CakePHP1.2から1.3では主に以下の変更が加えられています。

■ 削除された定数

以下の定数が削除されています。

必要に応じてbootstrap.phpに、これらの定数をdefineするかプログラムを修正してください。

```
PEAR
INFLECTIONS
VALID_NOT_EMPTY
VALID_EMAIL
VALID_NUMBER
VALID_YEAR
```

また、`CIPHER_SEED`はcore.phpで定義される`Security.cipherSeed`に置き換えられました。

値をcore.phpの当該箇所に転記してください。

この中でVALID_NOT_EMPTYについては、バリデーションルールに多用されている場合があります。以下のように修正しましょう。

リスト1 CakePHP1.2のVALID_NOT_EMPTY

```
'title' => array(
    'rule' => VALID_NOT_EMPTY,
    'message' => 'タイトルは必須です。',
)
```

リスト2 CakePHP1.3のnotEmpty

```
'title' => array(
    'rule' => 'notEmpty',
    'message' => 'タイトルは必須です。',
)
```

ファイル検索パスの指定

`$controllerPaths`や`$viewPaths`などでファイル検索パスを指定している場合、`App::build()`を使用した表記に変更する必要があります。

`App::build()`の詳細は「006 ファイルを独自のディレクトリに配置する」を参照してください。

ただし、移行用シェルではコントローラ、ビューともにデフォルトディレクトリの直下に移動することになりますので、移行用シェル実行後の変更でもよいでしょう。

コンポーネント, ヘルパーの変更

- SessionHelper、SessionComponentは自動で読み込まれなくなりました。読み込まずに使用していた場合は読み込むように宣言する必要があります。
- FormHelperの各メソッド$showEmptyパラメータが削除されました。かわりに$attributes['empty']を使用してください。
- HtmlHelperの各メソッドから$inline, $escapeTitle, $escapeパラメータが削除されました。かわりに$options['inline'], $options['escape']を使用してください。
- SessionHelperのflash()メソッドは自動で実行(出力)されなくなりました。

自動実行を期待したプログラムになっている場合は、手動でflash()メソッドを記述してください。
- JavascriptHelper, AjaxHelperは非推奨となりました。これらは1.3ではJsHelper＋HtmlHelper、2.0ではHtmlHelperで置き換えられます。

■ ビューの変更

- ビューテンプレートの拡張子 .thtmlは読み込まれなくなりました。.thtmlを使用している場合.ctpにリネームしてください。
- エレメントの表記方法が変更されました。

↓ リスト1 CakePHP1.1までのエレメント表記法

```
<?php echo($this->renderElement('sql_dump')); ?>
```

↓ リスト2 CakePHP1.2以降のエレメント表記法

```
<?php echo($this->element('sql_dump')); ?>
```

- SQLログは自動的に出力されなくなりました。出力したい場合はビューテンプレート中で以下のようにする必要があります。

```
<?php echo($this->element('sql_dump')); ?>
```

■ モデルの変更

- モデルのfindAll(), findCount(), findNeighbours()が削除されました。

上記で変更点の多くはカバーできるはずですが、この他にも多くの変更点があります。詳細は以下のURLを参照してください。

▼ 1.2から1.3への移行ガイド

http://book.cakephp.org/1.3/ja/The-Manual/Appendices/Migrating-from-CakePHP-1-2-to-1-3.html

Recipe 110 CakePHP2.0への移行の概要

CakePHP1.3から2.0への移行について、以下が主な変更点です。
なお、ここでは本書で扱う範囲での変更点をピックアップしています。
すべての変更点については以下のURLを参照してください。

▼ 2.0 移行ガイド

http://book.cakephp.org/2.0/ja/appendices/2-0-migration-guide.html

「111 UpgradeShellによる移行」では、CakePHP2.xに付属するUpgradeShellによるプログラムの一括変換の方法を紹介しますが、小規模なプログラムの場合は以下を見ながら対応してもよいでしょう。

■ ファイル・ディレクトリ名の変更

CakePHP2.0では、1.3と比較してファイル・ディレクトリ名が大きく変更されています。

- ファイル名はsnake_caseでなくCamelCaseで表記されます。またファイル名はそのファイルが何なのかという種別を表す単語を含みます。

種別	1.3	2.0
コントローラ	my_things_controller.php	MyThingsController.php
ヘルパー	form.php	FormHelper.php
コンポーネント	session.php	SessionComponent.php

- appディレクトリの中の多くのディレクトリは、先頭が大文字の単数形で記述されます。

1.3	2.0
config	Config
vendors/shells	Console
controllers	Controller
controllers/components	Controller/Component
models	Model
models/behaviors	Model/Behavior
plugins	Plugin
tmp	tmp
vendors	Vendor
views	View
views/helpers	View/Helper
views/elements	View/Element
views/layouts	View/Layout
webroot	webroot

- AppController, AppModel, AppHelper, AppShellの場所がそれぞれ変更されました。

1.3	2.0
app/app_controller.php	app/Controller/AppController.php
app/app_model.php	app/Model/AppModel.php
app/app_helper.php	app/View/Helper/AppHelper.php

■ 組み込みクラス・定数

- 以下の関数は削除されました。e(), r(), a(), aa(), up(), low(), ife(), users()
- 以下の定数は削除されました。APP_PATH, BEHAVIORS, COMPONENTS, CONFIGS, CONSOLE_LIBS, CONTROLLERS, CONTROLLER_TESTS, ELEMENTS, HELPERS, HELPER_TESTS, LAYOUTS, LIB_TESTS, LIBS, MODELS, MODEL_TESTS, SCRIPTS, VIEWS

■ コンポーネントの変更

- コンポーネントはComponentクラスを基底クラスとするようになりました。また、コンストラクタの形が変わっており、書き換える必要があります。
- SecurityComponentは基本認証とダイジェスト認証を処理しなくなりました。これらはAuthコンポーネントで実現されます。SecurityComponentからは以下が削除されています。メソッド：requireLogin(), generateDigestResponseHash(), loginCredentials(), loginRequest(), parseDigestAuthData()、プロパティ：$loginUsers, $requireLogin
- AuthComponentは対象とする認証方式、その設定の記述方法、ログイン時の自動制御の廃止など大きく変更が発生しています。事実上かなりの部分を書き直すことになるでしょう。詳細はChapter 06を参照してください。
- EmailComponentは非推奨となり、かわりにCakeEmailクラスを使用します。詳細は「098 メールを送信する」を参照してください。
- SessionComponentから以下のメソッドが削除されました。activate(), active(), __start()

■ ヘルパーの変更

- XmlHelper, JavascriptHelper, AjaxHelperが削除されました。
- PaginatorHelper::sort()のパラメータの順番が変更されました。その他ページネーションについて多くの変更が加えられています。詳細は「096 一覧のページ分けをする」を参照してください。
- FormHelperのいくつかのメソッドから$selectedパラメータが削除されました。かわりに$attributes['value']を使用します。対象のメソッドは以下のとおりです。select(), dateTime(), year(), month(), day(), hour(), minute(), meridian()
- FormHelper::create()で作成したフォームのデフォルトが、現在のアクションになりました。

■ その他の変更

- cakeError()メソッドは削除されました。かわりに例外を使用します。
- App::import()での読み込みで再帰的にファイルを検索しなくなりました。

Recipe 111 UpgradeShellによる移行

ここでは、CakePHP2.xに付属するUpgradeShellによるプログラムのアップグレードの方法を解説します。

■ UpgradeShell実行の準備

CakePHP1.3のディレクトリ構造は以下のようになっています。

```
cake1/
    app/
    cake/
    plugins/
    vendors/
    .htaccess
    index.php
```

作業のために、cake1ディレクトリと同じディレクトリにCakePHP2.3を展開します。

CakePHP2.3のディレクトリ構造は以下のようになっています。

```
cake2/
    app/
    lib/
    plugins/
    vendors/
    .htaccess
    index.php
```

UpgradeShellはappディレクトリの中のファイルに直接変更を加えます。必要に応じてappディレクトリのバックアップをとります。

```
$ cp -R cake1/app cake1/app-backup
```

CakePHP2.3のコアとUpgradeShellを含むディレクトリをコピーします。

```
$ cp -R cake2/lib cake1/lib
$ cp -R cake2/app/Console cake1/app
```

UpgradeShell前の手動移行

UpgradeShellではファイル名の変更が行われます。

このとき、コントローラについてはcontrollers下にディレクトリがあった場合、すべてController直下に移動されます。

モデルはディレクトリに入ったままリネームが行われます。

ビューはディレクトリに入っていると処理がされないため、views直下に移動しておいてください。

UpgradeShellの実行

UpgradeShellに実行権限を与え実行します。

```
$ cd cake1/app
$ chmod 755 Console/cake
$ ./Console/cake upgrade all
```

CakePHP標準ファイルの反映

- app/webrootを上書きします。

- app/Config/bootstrap.php, core.php, routes.php, database.phpを差し替えます。CakePHP2.3のファイルに対して、CakePHP1.3で行った修正を反映する方式がよいでしょう。
- app/tmp/cache以下のキャッシュを削除します。

■UpgradeShell後の手動移行

UpgradeShellで対応しきれない移行を行います。

- e(), r(), a(), aa(), up(), low(), ife(), users()の廃止の対応について、UpgradeShellでは1行に複数が入っていると正常に処理できません。このような場所は手動で移行する必要があります。

```
<?php e('1st'); e('2nd'); ?>  →  <?php echo '1st'); e('2nd'; ?>
```

- AuthComponentについて動作が大きく変わっています。Chapter 06を参照しつつ対応してください。

Recipe 112 CakePHP2.0 〜 2.4の移行

ここでは、CakePHP2.0 〜 2.4の移行について影響の大きい変更を紹介します。

CakePHP2.1

- .htaccessファイルのリライト設定が変更されています。
- AuthComponent::allow()ですべてのアクションを許可するための表記が、allow('*')からallow()に変更されました。すべてを拒否するdeny()についても同様です。
- ビューブロックが追加されました。ビューブロックについては「023 2カラムのレイアウトを使用する」で解説しています。
- JsonView, XmlViewが追加されました。JsonViewについては「008 AJAX（非同期通信）用のJSONを出力する」で解説しています。

CakePHP2.2

- コンソール実行中に発生したエラーをハンドリングするエラーハンドラ指定が追加されました。
- CakeEmailクラスで日本語エンコーディングが正しく処理されるようになりました。
- Setクラスが非推奨（廃止予定）になりました。

CakePHP2.3

- MySQLドライバ使用時にフルテキストインデックスに対応しました。
- モデルのバリデータにアップロードファイルのサイズをバリデーションする、Validation::fileSize()が追加されました。
- Model::find()メソッドの第1パラメータを'first'として、レコードが見つからなかった際に空配列が返されるようになりました。
- HtmlHelper::getCrumbList()がより柔軟に表示をカスタマイズできる。になりました。

CakePHP2.4

- 定数IMAGES_URL, JS_URL, CSS_URLが非推奨になりました。かわりにApp.imageBaseUrl, App.jsBaseUrl, App.cssBaseUrlを使用します。
- キャッシュにFileEngineを使っている場合でキャッシュディレクトリがない場合、ディレクトリを作成するようになりました。
- Sanitizeクラスが非推奨になりました。
- CakeNumberクラスがサポートする通貨コードにAUD, CAD, JPYが追加されました。
- 定数FULL_BASE_URLが非推奨になりました。かわりにRouter::fullBaseUrl(), App.fullBaseUrlを使用します。

Chapter 12

シェルのレシピ

- **113** シェルを自作する 300
- **114** シェルを実行する 301
- **115** シェルからモデルを使用する 303
- **116** シェルからコンポーネントを使用する 304
- **117** シェルのパラメータを取得する 305
- **118** シェル実行時にヘルプメッセージを表示する 306
- **119** シェルを定期的に実行する 308

Chapter 12 シェルのレシピ

Recipe 113 シェルを自作する

ピックアップ `Shell->out()`

シェルを自作するには、'Shell'付きのシェル名でファイルを作成し、app/Console/Commandに配置します。

自作シェルは、必ずShellクラスまたはAppShellクラスを継承する必要があります。

リスト1 自作シェル app/Console/Command/HomeBrewShell.php

```php
<?php
class HomeBrewShell extends Shell{
    public function startup(){                              ❶
    }

    public function main(){                                 ❷
        $this->out('Hello CakePHP.');                       ❸
    }
}
```

リストの説明

❶ シェルの開始時にコールされウェルカムメッセージを表示する。このメソッドをオーバーライドするとウェルカムメッセージの表示を抑制できる。シェルの初期化に使用してもよい。

❷ シェルが実行されるとmain()メソッドが実行される。

❸ out()メソッドは標準出力に文字列を出力する。コントローラ同様log()メソッドも使用可能。コンソールからlog()メソッドを使用した場合、ログの他に画面にも文字列が表示される。

Chapter 12 シェルのレシピ

Recipe 114 シェルを実行する

　シェルを実行するには、app/Console/cakeに実行権限を与える必要があります。app/Console/にパスを通しておくとさらによいでしょう。

リスト1 app/Console/cakeの設定

```
export PATH=$PATH:/path/to/cake/app/Console
chmod 755 app/Console/cake
```

　設定が完了したら、以下のようにcakeコマンドを実行します。

リスト2 cakeコマンドの実行

```
$ cake

Welcome to CakePHP v2.3.7 Console
---------------------------------------------------------------
App : app
Path: /var/www/dev/cakebook/23/app/
---------------------------------------------------------------
Current Paths:

 -app: app
 -working: /var/www/dev/cakebook/23/app
 -root: /var/www/dev/cakebook/23
 -core: /var/www/dev/cakebook/23/lib

Changing Paths:

Your working path should be the same as your application path. To change
your path use the '-app' param.
```

```
Example: -app relative/path/to/myapp or -app /absolute/path/to/myapp

Available Shells:

[DebugKit] benchmark, whitespace

[CORE] acl, api, bake, command_list, console, i18n, schema, server,
test, testsuite, upgrade

[app] home_brew ────────────────────────────────────────────────❶

To run an app or core command, type cake shell_name [args]
To run a plugin command, type cake Plugin.shell_name [args]
To get help on a specific command, type cake shell_name --help
```

▼ リストの説明

❶ app/Console/Command配下のファイルなど実行可能なシェルの名称が一覧表示される。

　cakeコマンドにシェルの名称を与えると、シェルが実行されます。シェルの名称は、すべて小文字で単語をアンダースコア'_'で接続したスタイル(snake_case)で指定します。
　「113 シェルを自作する」で作成したHomeBrewShellを実行すると以下のようになります。

⬇ リスト3　HomeBrewShellの実行

```
$ cake home_brew
Hello CakePHP.
```

Recipe 115 シェルからモデルを使用する

　シェルからモデルを使用するには、コントローラ同様$usesプロパティに使用するモデル名を配列で指定するだけで使用できます。

リスト1 シェルからのモデルの使用

```php
<?php
class HomeBrewShell extends Shell{
    public $uses = array('Item');

    function startup(){
    }

    function main(){
        $items = $this->Item->find('all');
    }
}
```

Recipe 116 シェルからコンポーネントを使用する

シェルからコンポーネントを使用するには以下のようにします。

リスト1 シェルからのコンポーネントの使用

```php
<?php
App::uses('ComponentCollection', 'Controller');
App::uses('PartiesPartiesCoreComponent', 'Controller/Component');
App::uses('OtherComponent', 'Controller/Component');      ──❶

class HomeBrewShell extends Shell{
    public $Other;                                         ──❷

    function startup(){
        $collection = new ComponentCollection();
        $this->Other = new OtherComponent($collection);    ──❸
    }

    function main(){
        $this->Other->method();                            ──❹
    }
}
```

▼ リストの説明

❶ 使用したいコンポーネントを読み込む。
❷ コンポーネントのインスタンス格納用プロパティ。
❸ プロパティにコンポーネントのインスタンスを格納する。
❹ コントローラと同様の書式でコンポーネントを使用可能。

Chapter 12 シェルのレシピ

Recipe 117 シェルのパラメータを取得する

ピックアップ `Shell->args`

シェルにはコマンドラインからパラメータを渡すことができます。

シェルからは$this->args配列として、渡されたパラメータを参照することができます。

リスト1 シェルへの引数 (AddShell.php)

```php
<?php
class AddShell extends Shell{
    public function startup(){
    }

    public function main(){
        if (isset($this->args) and count($this->args)){
            $sum = 0;
            foreach ($this->args as $arg){
                $sum += $arg;
            }
            $this->out(implode(' + ', $this->args).' = '.$sum);
        }
    }
}
```

リスト2 シェルへの引数

```
$ cake add 1 2 3
1 + 2 + 3 = 6
```

Recipe 118 シェル実行時にヘルプメッセージを表示する

シェルへのパラメータ参照用のプロパティ $this->argsを使うと、シェル実行時にヘルプメッセージを表示することができます。

以下は、パラメータが指定されていないかhelpが指定されている場合に、ヘルプメッセージを表示する例です。

リスト1 ヘルプメッセージ付きのシェル

```
<?php
class AddShell extends Shell{
    public function startup(){
    }

    public function main(){
        if (isset($this->args) and count($this->args)){
            $sum = 0;
            foreach ($this->args as $arg){
                if ($arg === 'help'){                              ❶
                    $this->_help();
                    return;
                }

                $sum += $arg;
            }
            $this->out(implode(' + ', $this->args).' = '.$sum);
        } else {
            $this->_help();                                        ❷
        }
    }
```

```
    public function _help(){
        $this->out('Usage: cake add param1 [param2] [param3] ...');
    }
}
```

▼リストの説明

❶ パラメータが'help'の場合にヘルプメッセージを表示して処理を終了する。
❷ パラメータが1つもない場合にヘルプメッセージを表示する。

リスト2 ヘルプメッセージの表示

```
$ cake add
Usage: cake add param1 [param2] [param3] ...

$ cake add 1 2 3
1 + 2 + 3 = 6

$ cake add help
Usage: cake add param1 [param2] [param3] ...
```

Chapter 12 シェルのレシピ

Recipe 119 シェルを定期的に実行する

シェルを定期的に実行するにはcronを使うとよいでしょう。

cronを使ってシェルを実行する場合、実行されるユーザの違いや環境(パス設定など)の違いでシェルがうまく動かないことがあります。

手動でコマンドラインから動作させるのと環境を合わせるために、以下のようなシェルスクリプトを作ってapp/Vendors/kickshellとして配置すると、簡単にcronに設定することができます。

リスト1 シェル実行用のシェルスクリプト（kickshell）

```bash
#!/bin/bash
export LANG=C
export TERM=dumb
APP_PATH=$(cd $(dirname $(dirname $0));pwd)
CAKE_CONSOLE_PATH=$(dirname $APP_PATH)/cake/console
PATH=$PATH:$CAKE_CONSOLE_PATH

export PATH=$PATH:$(dirname $APP_PATH)/cake/console

cd $(dirname $APP_PATH)
cake $1 $2 $3
```

kickshellを使用する場合のcronの設定は、以下のようになっています。

リスト2 毎時シェルを実行するcron設定

```
0 * * * * root /path/to/cake/app/vendors/kickshell home_brew param1 param2
```

索引

■記号・数字

- $components 46
- $helpers 46
- ? 47
- 1.x 291
- 2.x 291
- 2カラム 64

■A

- addCrumb()メソッド 205
- AJAX 32, 228
- allow()メソッド 158
- allowedActionsプロパティ 158
- am()関数 194
- AND 75
- ApiShell 281
- AppController 56
- AppModel 100
- AuthComponent
- 154, 156, 158, 160, 161, 162, 163, 165, 167
- AuthComponent::user() 160, 161
- AuthComponent->allow() 158
- AuthComponent->allowedActions .. 158
- AuthComponent->deny() 158
- AuthComponent->hash() 156
- AuthComponent->login() 154, 165
- AuthComponent->logout() 154
- AuthComponent->redirectUrl() ... 163
- AuthComponent->user() 160, 161
- autoLink()メソッド 231
- autoLinkEmails()メソッド 231
- autoLinkUrls()メソッド 231
- autoRenderプロパティ 30
- aタグ 202

■B

- beforeFilter()メソッド 53
- beforeRender()メソッド 53
- beforeSave()メソッド 98
- belongs to 112
- between 76, 137
- bindModel()メソッド 122

■C

- Cache::clear() 245
- Cache::decrement() 245
- Cache::delete() 245
- Cache::increment() 245
- Cache::read() 245
- Cache::write() 245
- CakeEmail 240
- CakePHP 1.3 292
- CakePHP 2.0 295
- cakephp-smartyview 260
- CakeRequest->is() 186, 188
- CakeRequest->isPost() 186
- CakeRequest->isSSL() 188
- charset()メソッド 196
- check()メソッド 171, 178
- clear()メソッド 245
- CoC 28
- connect()メソッド 47, 66
- Controler->redirect() 42
- Controller->autoRender 30
- Controller->beforeFilter() 53
- Controller->beforeRender() 53
- Controller->layout 40
- Controller->response 36
- Controller->set() 58
- Controller->viewClass 32, 36

索引

Cookbook 17
Cookie 169
CookieComponent
. . . . 169, 171, 172, 173, 174
CookieComponent->check(). 171
CookieComponent->delete() 173
CookieComponent->destroy() 173
CookieComponent->read(). . . . 171, 172
CookieComponent->write() 169
counter()メソッド 232
create()メソッド 90, 208
created 94
cron 312
CSRF. 183
CSS. 197
css()メソッド 196

D

day()メソッド 225
Debug Kit 15
debug()関数 194
decrement()メソッド 245
delete()メソッド 88, 173, 180, 245
deleteAll()メソッド 88
deny()メソッド 158
destroy()メソッド 173, 180
DS 70

E

element()メソッド 61
end()メソッド 64, 208
env()関数 194
equalTo 143
error()メソッド 224
excerpt()メソッド 231

F

Facebook 249
Facebook SDK for PHP 249
File 150
file()メソッド 211

find()メソッド
. . . . 72, 78, 79, 80, 84, 85, 86, 96
find('list') 57
first()メソッド 232
flash()メソッド 55
Folder 150
FormHelper
. . . . . 57, 208, 211, 221, 222, 223, 224,
226, 228, 230
FormHelper->create() 208
FormHelper->end() 208
FormHelper->error() 224
FormHelper->file() 211
FormHelper->hidden() 222
FormHelper->isFieldError() 223
FormHelper->label() 211
FormHelper->radio() 211, 226
FormHelper->select() 211, 228
FormHelper->submit() 221
FormHelper->text() 211
FormHelper->textarea() 211

G

GET 50
getCrumbList()メソッド 205
getCrumbs()メソッド 205

H

h()関数 194
HABTM 115
has and belongs to many 115
has many 108
hash()メソッド 156
header()関数 30
hidden()メソッド 222
hiddenタグ 222
highlight()メソッド 231
hour()メソッド 225
HtmlHelper 196, 200, 202, 205
HtmlHelper->addCrumb() 205
HtmlHelper->charset() 196
HtmlHelper->css() 196

索引

HtmlHelper->getCrumbList() 205
HtmlHelper->getCrumbs() 205
HtmlHelper->image() 200
HtmlHelper->link() 202
HtmlHelper->meta() 196
HTMLエスケープ 204
HTMLタグ 196
HTTPS 188
HTTPステータス 44

I

image()メソッド 200
imgタグ 200
IN 74
increment()メソッド 245
INFLECTIONS 292
invalidFields()メソッド 132
is()メソッド 186, 188
isFieldError()メソッド 223
isPost()メソッド 186
isSSL()メソッド 188

J

JSON 32
JsonView 32

L

label()メソッド 211
last()メソッド 232
layoutプロパティ 40
LIKE 74
link()メソッド 202
log()メソッド 45
login()メソッド 154, 165
logout()メソッド 154

M

MediaView 36
Memcached 245
meta()メソッド 196
metaタグ 198
minute()メソッド 225

Model->beforeSave() 98
Model->bindModel() 122
Model->create() 90
Model->delete() 88
Model->deleteAll() 88
Model->find()
.... 72, 78, 79, 80, 84, 85, 86, 96
Model->invalidFields() 132
Model->order 80
Model->primaryKey 99
Model->query() 82, 96
Model->recursive 119
Model->save() 90, 92
Model->unbindModel() 122
Model->useTable 99
Model->validationErrors 132
Model->varidate 152
modified 94
month()メソッド 225
MVC 269

N

next()メソッド 232
NOT 75
numbers()メソッド 232

O

Object->log() 45
OR 75
orderプロパティ 80
out()メソッド 304

P

pageパラメータ 87
PaginatorHelper 232
PaginatorHelper->counter() 232
PaginatorHelper->first() 232
PaginatorHelper->last() 232
PaginatorHelper->next() 232
PaginatorHelper->numbers() 232
PaginatorHelper->prev() 232
PDF 38

索引

PEAR 292
POST 186
pr()関数 194
prev()メソッド 232
primaryKeyプロパティ 99

Q
query()メソッド 82, 96

R
radio()メソッド 211, 226
read()メソッド 171, 172, 179, 245
recursiveプロパティ 119
redirect()メソッド 42, 44
redirectUrl()メソッド 163
requestAction()メソッド 61
RequestHandler 38
RequestHeaderComponent 30
requirePost()メソッド 186
requireSecure()メソッド 188
responseプロパティ 36
Router::connect() 47, 66

S
save()メソッド 90, 92
Scaffolding 268
SecurityComponent 183, 186, 188
SecurityComponent->requirePost() .. 186
SecurityComponent->requireSecure()
.... 188
SELECT 228
select()メソッド 57, 211, 228
SEO 47
Session 176
SessionComponent
.... 176, 178, 179, 180, 181
SessionComponent->check() 178
SessionComponent->delete() ... 180
SessionComponent->destroy() .. 180
SessionComponent->read() 179
SessionComponent->write() 176
SessionHelper 182

set()メソッド 58
Shell->out() 304
SimplePasswordHasher->hash() .. 156
Smarty 260
sortByKey()関数 194
SQL 82
sql_dump 14
SQLインジェクション対策 96
SQL実行結果 14
SSL 188
start()メソッド 64
stripLinks()メソッド 231
submit()メソッド 221

T
tableタグ 230
TCPDF 38
text()メソッド 211
textarea()メソッド 211
TextHelper 231
The Bakery 106
TreeBahavior 101
truncate()メソッド 231
Twitter 255
twitteroauth 255

U
unbindModel()メソッド 122
UpgradeShell 298
URL 47, 50
user()メソッド 160, 161
userDefined 143
useTableプロパティ 99

V
validationErrorsプロパティ ... 132
varidateプロパティ 152
View->element() 61
View->end() 64
View->requestAction() 61
View->start() 64
viewClassプロパティ 32, 36

索　引

virtualFieldsプロパティ.......... 121

W
Webサーバ.................... 21
WHERE句.................... 78
write()メソッド........ 169, 176, 245

X
XSS対策...................... 98

Y
year()メソッド................ 225

ア行
アクション.................... 43
アクション名.................. 69
アソシエーション............. 107
アップロード.................. 34
移行........................ 291
一覧画面.................... 282
エラー................. 132, 223
エラーハンドラ................ 18
エラーページ.................. 60
エラーメッセージ....... 146, 224
エレメント.................... 61
エンコーディング............. 196

カ行
会員登録.................... 270
開始行...................... 86
開発環境.................... 24
外部キー................... 124
確認画面.................... 285
確認ダイアログ.............. 203
カスタムバリデータ........... 140
画像........................ 30
画像タグ.................... 200
管理画面.................... 40
期限................. 174, 181
キャッシュ............. 22, 245
キャッシュファイル........... 264
組み込みクラス.............. 296

組み込みシェル.............. 281
組み込みバリデータ.......... 137
グループ化.................. 177
グローバル関数.............. 194
クロスサイトスクリプティング..... 98
検索条件............... 72, 120
検索パス.................... 27
検証....................... 131
コアライブラリ.............. 150
更新日...................... 94
コールバックメソッド.......... 53
固定パラメータ.............. 67
コントローラ................ 29
コンポーネント............. 153

サ行
最大値...................... 84
作成日...................... 94
シェル................. 266, 303
自作.............. 190, 238, 304
実行状況.................... 45
自動切り替え................ 24
集計関数.................... 84
出力先...................... 45
取得行数.................... 86
数値....................... 138
セッション............. 21, 176
セッション情報............. 246
セッション設定.............. 21
セッションハンドラ.......... 182
セレクトボックス....... 216, 225
前後ページへのリンク........ 235
先頭/末尾ページへのリンク.... 236
送信ボタン................. 221
ソース...................... 23
ソート順.................... 80
ソートリンク............... 233

タ行
ダウンロード................ 36
チェックボックス........... 212
ツイート................... 255

定数 70, 292, 296
ディレクトリ名. 295
データ取得範囲. 119
データベース 82
テーブル 99
テキストエリア. 218
テキストボックス 212
デバッグツール. 15
デバッグレベル. 16, 264
デフォルトルール 67
添付ファイル 244
テンプレート 60

■ナ行

名前規則 99
日時 139
日本向けシステム 145
認証 249, 255

■ハ行

バージョンアップ情報. 265
バーチャルフィールド. 121
パーミッションマスク 267
パス 174
バリデーション. 131
パンくずリスト. 205
比較 72
日付 77, 225
非同期通信 32, 228
ビヘイビア. 101
ビュー 29
ファイルアップロード 219
ファイル検索パス 293
ファイルパーミッションエラー 266
ファイル名. 295
フィールド. 79
フォーム 51, 208, 230
フォーム開始タグ 208
フォーム終了タグ 209
プレースホルダ. 96
ページ状態. 236
ページに関する情報. 237

ページャリンク. 234
ページ分け 232
ヘッダ 196
ヘルパー 195, 238
ヘルプメッセージ 310
編集画面 285
本番環境 24, 264

■マ行

命名規約 28
メール 18, 240
メールアドレス. 151
メールテンプレート 242
文字数. 137
文字数制限. 149
モデル 71
問題発生時. 263

■ヤ行

ユーザ画面. 40
ユーザ情報. 160
ユーザ登録. 156
ユーザ編集. 156
ユーザ名 147
ユーザログイン. 278

■ラ行

ラジオボタン 214, 226
ラベル. 220
リクエスト. 42
リダイレクト 42, 55, 162
リンクタグ. 202
ルール 66
レイアウト 40, 64
レコード 90
レコード数. 85, 129
ログアウト. 154
ログイン 30, 154, 158
ログイン画面 162
ログイン状態. 165
ログイン済み 161
ログファイル 45

著者紹介

長谷川 智希 （はせがわ　ともき）

1976年生まれ。小学6年生のときに自治体主催の子ども向けイベントでパソコンに出会い衝撃を受ける。中学入学と同時にMSX2+でパソコンデビューして現在までプログラム・システム開発に関わる人生を送る。現在はデジタルサーカス株式会社の副団長CTOとして活動中。ライフワークはコミュニティ/CGMサイト開発。最近の注目テーマはカートレース、電子工作。

●Webサイト
http://www.hasegawa-tomoki.com

●著作
「Facebookアプリ プログラミング入門」(2012年9月)

デジタルサーカス株式会社

1999年設立。「ソーシャルメディア」「スマートフォン」「グローバリゼーション」の領域で活動する技術屋集団。「不可能に思えることを実現する」を合言葉に多数クライアントに最先端のITサービスを提供している。団員募集中。

●Webサイト
http://www.dgcircus.com
http://www.facebook.com/dgcircus

装丁：下野剛（tsuyoshi*graphics）

Webアプリ開発を加速する
CakePHP2定番レシピ119

発行日	2013年 10月 1日	第1版第1刷

著　者　長谷川　智希
監　修　デジタルサーカス株式会社

発行者　斉藤　和邦
発行所　株式会社 秀和システム
　　　　〒107-0062　東京都港区南青山1-26-1 寿光ビル5F
　　　　Tel 03-3470-4947（販売）
　　　　Fax 03-3405-7538
印刷所　三松堂印刷株式会社

©2013 Tomoki Hasegawa　　　　Printed in Japan
ISBN978-4-7980-3951-0 C3055

定価はカバーに表示してあります。
乱丁本・落丁本はお取りかえいたします。
本書に関するご質問については、ご質問の内容と住所、氏名、電話番号を明記のうえ、当社編集部宛FAXまたは書面にてお送りください。お電話によるご質問は受け付けておりませんのであらかじめご了承ください。